台灣小吃

張宜燕 著

叫賣聲從遠處而來
街邊巷口的攤車
廟口夜市裡的小吃點心
市場裡飄香的台灣料理
記憶中的經典復古台灣味

每個人在成長的過程裡,除了自家的家常菜以外,
我想,最貼近生活飲食的,不外乎就是台灣平民美食小吃。

小燕子開課資訊

台北市、新北市、宜蘭		
丹雅的廚藝教室	0928-242-984	新北市板橋區民有街 24 號
橘色餐桌廚藝教室	02-2827-0411	台北市北投區東華街一段 398 號 2 樓
煦蜜手作坊	0935-945-783	宜蘭市復興路 3 段 61 巷 1 號

桃園、苗栗、台中		
糖品屋烘焙手作坊	0956-120-520	桃園市平鎮區興華街 101 巷 12 弄 1 號
蕭老師烘焙教室	0910-947-406	桃園市寶山街 58 巷 33 號
愛莉絲烘焙廚藝學園	03-755-1900	苗栗縣竹南鎮三泰街 231 號
怡饍妮技藝短期補習班	0911-666-802	台中市北區東光路 252 號（近精武火車站）

彰化、嘉義、台南		
優統食品	04-839-5598	彰化縣員林市至善街 198 號
歐樂芙手作趣	05-220-6150	嘉義縣民雄鄉建國路二段 146-22 號
朵雲烘焙廚坊	0986-930-376	台南市東區德昌路 125 號

高雄、屏東、花蓮		
媽咪烘焙親子學苑	0908-636-728	高雄市仁武區仁雄路 26-9 號
朋果廚房	07-553-2785	高雄市鼓山區裕興路 129 巷 8 號
愛奶客我家烘焙屋	0913-858-486	屏東市華正路 158 號
小東方烘焙材料行	03-851-2550	花蓮市吉安鄉仁里一街 141 號

/ 作者序 /

「質樸、實在、溫暖、熱情」

「質樸、實在、溫暖、熱情」
是我對台灣小吃最直接的感受,簡單卻也不簡單!
每一道小吃,富含文化背景,歷史典故。
每一道料理,都有感人紀實,有滿滿說不完的故事。
用美味料理,溫暖人心,
台灣人心中,最念念不忘的台灣小吃。

　　小時候的我們家,阿嬤掌廚,但我從小就愛穿梭在廚房,明明什麼都幫不上忙,卻像跟屁蟲,就是喜歡黏在下廚時的阿嬤身邊。阿嬤教會了我,愛的料理有愛的溫度;能為家人做上一頓溫熱的飯菜,是簡單而幸福的一件事。

　　而後求學階段,也和廚房很有緣分。半工半讀時的早餐店打工,寒暑假在親戚家裡的便當店工作,這一段時間的磨練和經驗,廚藝的提升和廚齡的累積。也透過不斷學習和實踐,豐富不同菜系和樣貌的料理方式,不斷的讓自己時時保持在最好的狀態。

　　點心學徒,到現在為專職的料理教學老師,一路上,要感謝太多人的幫助和提攜。手藝提升,要走得路還很長,要學習的還有很多,也透過這本料理書籍,再去督促和調整自己對於料理程度的專業認知,時時再去調整。

　　此本台灣小吃實用書,燕子也將從小阿嬤教育的傳統小吃,和過去在業界習得之料理,以淺顯易懂的方式,帶領讀者,動手親做台灣經典小吃。

/ 感謝 /

一本書的出版,要感謝太多人!
感謝此次拍攝產品贊助廠商

小磨坊國際貿易股份有限公司
高慶泉股份有限公司
欣臨企業股份有限公司
全球餐具股份有限公司
丹雅的廚藝空間 - 張如君
易牙廚藝學會
北東傳愛義廚團
台灣餐飲產業工會
台灣國際廚藝協會
高雄市餐飲美食交流協會
中華金廚協會
國宴御廚水蛙師 - 張和錦
日盛點心關係企業 - 張和漢
台北儂來餐飲事業 - 黃景龍
電視教學名廚 - 柯俊年
金帽新秀廚師 - 鄭皓祐師傅

　　感謝上優文化事業有限公司參與此本書籍編輯製作與拍攝的優質工作團隊。從內容擬定到拍完食譜,只用了半個月不到的時間。
　　感恩每一個曾經幫助過燕子,提攜過的貴人,因為有您們,必然全力投入料理研究,讓更多喜歡料理的讀者,都能喜歡手作料理的樂趣!

/ 推薦序 /

不斷求知的精神與積極主動的學習態度

宜燕在專業領域中有不斷求知的精神與毅力。學習態度積極主動，反應靈活快速，且能舉一反三，具創造力。她的授課表達能力條理分明，課餘時間亦能涉獵課外書籍以開拓視野。在協會工作認真、服務熱忱、頗富領導能力。

此次出版一書，宜燕將歷年來的實作經驗，全部無私的分享給廣大讀者，照著書上的詳細步驟，一定能做出道地的台灣小吃！這就是我要提筆推薦他的原因！

國宴御廚　張和錦　水蛙師

永無止盡的自我提升

勤學認真、熱心助人是我對燕子老師的印象。

手藝了得廚藝精湛，是我對燕子老師的評價。

和燕子結識在餐飲協會，一個女廚對於廚界的活動總是熱情參與和協助，對於自己的手藝也是一直不斷在提升，如此認真的一位老師，將她的熱情、專業、多年來的廚藝經驗編整了一書《台灣小吃》誠摯推薦給每一位讀者！

日盛點心關係企業

張和漢

/ 推薦序 /

台灣小吃，一種既熟悉又懷念的味道

在全台各場餐飲賽事或公益活動中，總能看見小燕子的身影與笑容，只要有義煮活動邀請她，她一定義不容辭。

宜燕老師從事餐飲教學數十年，她的教學認真與平易近人的形象廣受學生歡迎，由於不藏私的個性，更培育出無數的美食高手。希望透過此書能讓大家燃起對台灣小吃與文化的熱情，並讓大家吃得更健康也能吃到滿滿的幸福感。

這是一本零失敗、簡單易學，有著濃濃台灣情、台灣味的小吃食譜，推薦給跟我一樣愛吃小吃的你。

台北儂來餐飲事業　餐飲總監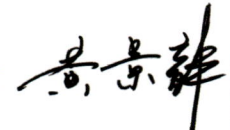

將平凡的食材化腐朽為神奇

聽聞燕子老師、將多年的教學的累積和成果彙整成一本書、內心十分感動！

台灣人熟悉的濃厚台灣味、透過圖文精解、繁複的工序都變得淺顯易懂！

對食材的敏銳程度、手藝的細膩、對料理細心又投入、所以都能將平凡的食材化腐朽為神奇。也知道燕子長期投入社會公益、也常至偏鄉關懷弱勢族群、實屬難得。如此富有愛心、對料理又執著認真的老師、真心推薦給您！

電視教學名廚

/ 推薦序 /

由深而入且淺顯易懂

　　認識小燕子那麼多年了，不管是義廚的工作或是教學場地，她總是很負責的做好每一件事，今年她出了一本很棒的食譜，十分替她高興，書中的內容與她的個性很像，都將最好的一面呈現出來，這也是她認真做事追求完美之風格。

　　小燕子老師在餐飲文化教學上有她獨道之處，極富創新的技巧深受同學們的喜愛。這本書使用了簡單易學的方式，將台灣各地特色小吃一一呈現給各位，小燕子出書前已構思了很久，如何讓內容由深而入且淺顯易懂，加上清楚的拍攝手法與料理說明，凡看過此書者是非常容易上手的，對於喜愛台灣小吃的朋友，是一本值得收藏的食譜。

　　最後衷心推薦這本食譜，希望各位喜歡，藉由此書能帶給喜愛做料理的朋友更多的幫助！

北東傳愛義廚團　團長

人們最鍾愛的
還是路邊美味的平民小吃

- 探索美食的秘境

　　高雄市易牙廚藝學會是一個全國愛好烹飪、飲食群聚的庖廚會，目的在於提升廚師專業技能，挖掘各地廚師精湛手藝而成立的。

- 揮之不去的「饕餮夢」

　　現今的廚藝世界是很多饕客、庖人所嚮往的。我常提起活絡於各大美食活動中的女廚小燕子－張宜燕，她素有「驚艷八手」之稱，不但人美、責任心重，也是位敬重師長、廚房之術了得的廚師，更是廚師界老頑童－劉川水老師傅的高足，我輩廚師們都知道她既有女性自主意識，也是位扶危濟困、熱心助人的女中豪傑，不僅有驚豔全場的手藝，更在高雄易牙美食街中鼎足了廚界，此次將初露兩手，親授剛入廚房的初學者，如何製作、如何烹調細說於此書中，實屬老饕，良庖之福。

高雄市易牙廚藝學會　前理事長

/ 推薦序 /

因爲有「愛」才會讓人覺得幸福。

因為有「愛」才會讓人覺得幸福。

說到宜燕這位小女子,就要從義廚活動講起了,我們是在此活動開始相識,擁有無私奉獻精神的她,時時刻刻把愛及歡樂帶給大家,從每一次的活動中都可以看出宜燕的細心和用心。

在專業的領域上,無論是進修或學術研討都可以在細節中看出宜燕的過人之處,每每看到宜燕的中式點心都會有不一樣的驚喜!這也讓我期待著每一次的到來。

讓我真心推薦給您,如此有愛有活力且無私奉獻精神的書籍。

台灣餐飲產業工會　理事長

作品總令人驚艷不止!

認識燕子、第一印象、就是點心做的真好!

除了做了一手好菜、對於料理、更是埋首研究、作品總讓人有驚艷的感受。聽聞此書、是集結多年來的教學心得與授課內容。內容豐富紮實、傾其所學分享給讀者!

經典台灣小吃、豐富的圖文、詳盡的解說、大力推薦給您!

台灣國際廚藝協會　理事長

林鼎烽

CONTENTS

004	作者序
006	推薦序 – 張和錦
	推薦序 – 張和漢
007	推薦序 – 黃景龍
	推薦序 – 柯俊年
008	推薦序 – 梁文乾
	推薦序 – 章啓東
009	推薦序 – 梁福政
	推薦序 – 林鼎烽

萬用配料

016	01、高湯
017	02、滷包
018	03、滷大腸
020	04、滷腱子
022	05、滷肉
024	06、蒜頭酥
025	07、炸油蔥
026	08、油蔥肉燥
028	09、焦糖蜜黑糖蜜
030	10、豆花糖水
032	11、蜜芋頭
034	12、蜜紅豆

百搭醬料

038	13、醬油露
039	14、醬油膏
040	15、辣椒醬
042	16、蒜泥醬
044	17、蔥香油
045	18、素香油
046	19、辣椒油
048	20、海山醬
049	21、蚵仔煎醬
050	22、肉圓醬

懷舊米食

054	23、	菜頭粿
056	24、	台南碗粿
058	25、	芋頭糕
060	26、	紅豆年糕
062	27、	發粿
064	28、	草仔粿
068	29、	菜包粿
072	30、	芋粿巧
074	31、	炒米粉
076	32、	滷肉飯
078	33、	筒仔米糕
080	34、	桂圓米糕粥

好味麵食

083		燙麵法
084	35、	牛肉捲餅
086	36、	炸彈蔥油餅
088	37、	蔥抓餅
090	38、	蛋餅
092	39、	餡餅
094	40、	韭菜盒
096	41、	鍋貼
098	42、	水餃
102	43、	蒸餃
104	44、	胡椒餅
108	45、	水煎包
112	46、	割包
114	47、	涼麵

暖胃羹湯

- 118　48、香菇肉羹
- 120　49、土魠魚羹
- 122　50、魷魚羹
- 124　51、生炒花枝羹
- 126　52、酸辣湯
- 128　53、豬血湯
- 130　54、大腸麵線
- 132　55、藥燉排骨
- 134　56、水晶餃
- 136　57、扁食湯
- 138　58、四神湯
- 140　59、鹹圓仔
- 142　60、紅豆圓仔湯

夜市小吃

- 146　61、地瓜球
- 148　62、白糖粿
- 150　63、鹹芋丸
- 152　64、麻糬
- 154　65、營養三明治
- 156　66、蚵仔煎
- 158　67、彰化肉圓
- 160　68、鹿港芋丸
- 162　69、豆乳雞
- 164　70、雞排
- 166　71、雞捲
- 168　72、蝦捲
- 170　73、九份芋圓
- 174　74、粉圓冰
- 176　75、黑糖粉粿
- 178　76、豆花
- 180　77、凍圓

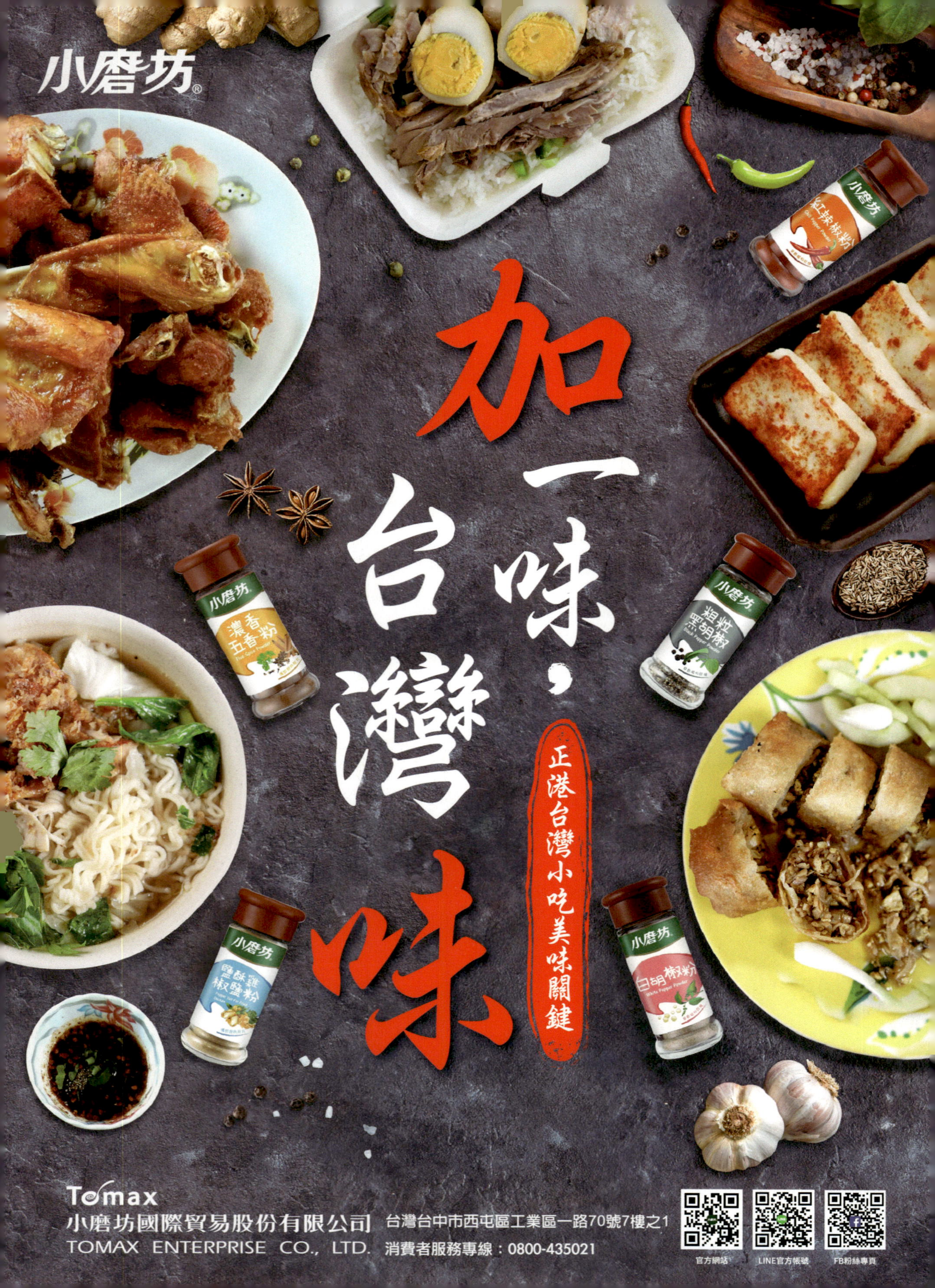

小磨坊®
加一味，
台灣味
正港台灣小吃美味關鍵
小磨坊
紅辣椒粉
小磨坊
濃香五香粉
小磨坊
粗粒黑胡椒
小磨坊
鹽酥雞椒鹽粉
小磨坊
白胡椒粉
Tomax
小磨坊國際貿易股份有限公司
TOMAX ENTERPRISE CO., LTD.
台灣台中市西屯區工業區一路70號7樓之1
消費者服務專線：0800-435021
官方網站
LINE官方帳號
FB粉絲專頁

萬用配料

01 高湯

份量　2000～3000 c.c. ／ 器具　大湯鍋

材料（g）

A
雞骨	150
豬骨	150

B 高湯底料
蔥	20
洋蔥	20
紅蘿蔔 / 切大塊	60
白蘿蔔 / 切大塊	60
清水	5000

燕子老師小撇步

★ 雞骨跟豬骨要充分汆燙洗淨，湯頭熬煮才會清澈。

★ 熬煮時間的可依照個人喜好調整，若久煮水分揮發或不慎未注意火候，以致水份減少可再添加水份續煮即可。

★ 營業版可使用史雲生高湯系列。

作法

1　雞骨跟豬骨入滾水川燙，撈出漂洗冷水，洗去血沫及雜質。

2　準備一大湯鍋，放入 [材料 B 高湯底料]。

3　加入雞骨跟豬骨後，大火滾沸後轉小火燉煮，熬煮時間可依照個人喜好濃淡調整，過濾後成為高湯。

02 滷包

萬用配料

份量　1 包　／　器具　滷包袋

材料 (g)

A
八角	8
花椒	8
草果	3

B
桂皮	12
丁香	7
甘草	5
月桂葉	3

作法

八角跟花椒放入鍋中，油炒至有香氣，再將所有材料放入滷包袋中綁起。

燕子老師 小撇步

★ 草果要拍扁。

★ 八角、花椒、草果先炒過提升香氣。

03 滷大腸

份量 600公克 ／ 器具 小湯鍋

材料（g）

A 清洗	大腸	500	B 爆香	蔥／切段	80	C 調味	醬油	85	D	米酒	35
	麵粉	30		薑／拍扁	35		細砂糖	30		水	1500
				蒜頭／拍扁	35		雞粉	2.5			

萬用配料

燕子老師小撇步

★ 大腸可以買市售洗好的,也可以買市場新鮮的回來自己洗。
★ 洗大腸時需要裡外翻洗,才能將大腸真正洗淨。
★ 爆香時建議分開爆香,順序為薑、蔥、蒜頭。
★ 可用筷子穿透大腸,檢查熬煮的程度。

作法

1 如從市場買來的新鮮大腸,需先泡水,用剪刀將結締組織剪開。

2 要小心不要剪到大腸壁膜,慢慢將大腸和組織拉開。

3 剪開後,將黏附大腸上的組織去除。

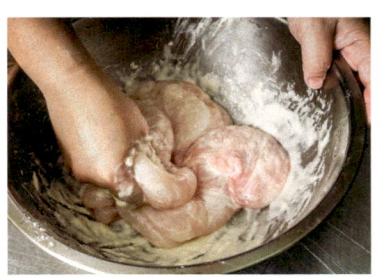

4 處理好結締組織後,加入麵粉搓揉、翻洗洗淨。重複以冷水漂洗 2 ~ 3 次。

5 瀝乾水分,入鍋汆燙完成清洗以及滷大腸的前置作業。

6 起油鍋爆香[材料 B 爆香]。

7 加入細砂糖先拌炒。

8 再加入其他[材料 C 調味],放入[材料 D],就完成基本滷汁。

9 放入汆燙過的大腸,熬煮至軟口程度。

04 滷腱子

器具 小湯鍋

🍃 萬用配料

材料 (g)

A	豬腱或牛腱	600
B	滷包（參考 P.017）	1 包
C 調味	醬油	85
	細砂糖	30
	雞粉	2.5
D 爆香	薑／拍扁	80
	蔥／切段	35
	蒜頭／拍扁	35
E	米酒	35
	水	2000

燕子老師小撇步

★ 腱子肉如果生肉下鍋燉煮，滷汁中會有血沫殘渣。

★ 爆香時建議分開爆香，順序為薑、蔥、蒜頭。

★ 也可以用電鍋炊煮，【作法5】大火煮滾後，換成電鍋內鍋，放入電鍋炊煮，外鍋1杯水，跳起後燜蓋1小時。

★ 炊煮時間需視食材大小及數量去調整燉煮時間。

作法

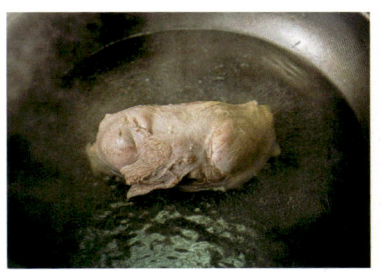

1 腱子肉滾水汆燙，撈出沖冷水洗淨備用。

2 起油鍋爆香 [材料 D 爆香]。

3 加入 [材料 C 調味]。

4 放入洗淨的腱子肉。

5 再加入 [材料 E]、滷包大火煮滾，小火燉煮1小時，再泡1小時。

6 滷好後切片，可以搭配蔥絲、辣椒絲當成風味菜，此書中拿來搭配捲餅 (參考 P.084)。

05 滷肉

份量 5 片 / **器具** 小湯鍋

萬用配料

材料（g）

A 五花肉 / 2 公分厚片　　300

B 蔥 / 切段　　50
　　蒜頭 / 去膜拍扁　　30
　　八角　　1

C 調味
　　冰糖　　12
　　醬油　　15
　　醬油膏　　15
　　豆瓣醬　　15

D 米酒　　30
　　水　　280

燕子老師小撇步

★ 滷肉軟透不軟爛。
★ 以筷子穿透瘦肉處，檢查五花肉軟透狀態，視情況調整燜煮時間。

作法

1 鍋燒熱，放入肉片煎至微焦。

2 放入蔥、蒜頭爆香。

3 加入八角炒香。

4 再加入 [材料 C 調味]。

5 每一片肉片都要均勻地裹上醬汁。

6 再加入 [材料 D] 煮沸後，轉小火燉煮。

06 蒜頭酥

份量 250公克 / 器具 平底鍋

材料（g）

蒜頭 / 切細末	300
液體油	300

作法

1 蒜頭入滾水汆燙過濾，撈出瀝乾水分。油溫140℃放入蒜末，中火微炸。

2 炸至金黃酥香撈出，剩下的油也可以保存起來成為蒜香油。

燕子老師小撇步

★ 建議冷藏、盡早食用完畢。

★ 過濾下來的油，就成為蒜香風味油。

★ 撈出的蒜頭酥可以放置平盤散熱，冷卻後轉為酥脆。

★ 冷卻後的蒜頭酥，要放入密封罐冷藏保存為佳。

07 炸油蔥

萬用配料

份量 250 公克 ／ 器具 平底鍋

材料（g）

紅蔥頭/切末	300
液體油	300

作法

1 冷鍋冷油放入紅蔥頭，開火翻炒。

2 炒至七分熟後，熄火泡至金黃酥脆，撈出。

燕子老師小撇步

★ 冷鍋冷油七分熟後，利用餘溫泡至金黃酥脆。若油量多，要注意酥化程度，以免過焦造成微苦。

★ 撈出的炸油酥可以放置平盤散熱，冷卻後轉為酥脆。

★ 過濾下來的油，就成為蔥香風味油。

08 油蔥肉燥

份量　450公克

／

器具　平底鍋

萬用配料

材料（g）

A	豬絞肉/肥瘦各半	300
B	紅蔥頭/切末	100
	液體油	100
C 調味	細砂糖	15
	胡椒粉	2.5
	醬油	40
	米酒	15

燕子老師小撇步

★ 注意紅蔥頭的熟成度，勿過焦會發苦，略帶生紫色時就要將絞肉放入。

★ 這是炒肉燥，所以不用燉煮，也不含米酒以外的水分。

作法

1　起油鍋煸炒紅蔥頭至金黃。

2　放入豬絞肉拌炒均勻。

3　加入細砂糖、胡椒粉。

4　鍋邊嗆入醬油、米酒。

5　收汁拌炒均勻。

6　起鍋放涼即可冷藏保存。

08

09 基底糖漿、焦糖蜜、黑糖蜜

份量　三種糖蜜　／　器具　平底鍋

萬用配料

材料（g）

A 基底	細砂糖	200		C 黑糖蜜	黑糖	200
	冷水	20			冷水	280

B 焦糖蜜	二砂糖	100
	冷水	280

燕子老師 小撇步

★ 無論要製作焦糖蜜或黑糖蜜，都需要先熬基礎糖漿作為糖漿基底香氣才會足夠，糖色才會亮澤。

★ 加入冷水時要小心噴糖，溫度很高很危險。

作法

1 基底糖漿，鍋內放入 [材料 A 基底]。

2 開中小火煮糖，輕晃鍋身，全程不攪拌，以免空氣帶入造成反沙現象。

3 待糖漿呈現焦香金黃色。

4 加入冷水轉小火，續煮到糖漿融化，就完成基礎糖漿。

5 焦糖蜜，將基礎糖漿加入 [材料 B 焦糖蜜]，續煮至融化即完成。

6 黑糖蜜，將基礎糖漿加入 [材料 C 黑糖蜜]，續煮至融化即完成。

10 豆花糖水

份量 三種糖水　／　器具 平底鍋

萬用配料

材料（g）

	基礎糖水				黑糖水	
A	白砂糖	50		C	白砂糖	25
	二砂糖	100			黑糖	125
	水	250			水	250

	薑汁糖水	
B	二砂糖	150
	水	250
	老薑 / 拍扁或切片	50

> **燕子老師小撇步**
>
> ★ 煮薑汁糖水，建議用老薑、拍扁，糖水煮完後要過濾，以防糖水中有老薑的殘渣，影響口感。
>
> ★ 薑不要去皮，避免上火，如要發汗，可把薑皮去掉。

作法

1 基礎糖水，鍋內放入 [材料 A 基礎糖水]，煮至融化即可。

2 所有的甜湯類的食材例如：豆花、芋圓都可以用這個糖水。

3 薑汁糖水，鍋內放入 [材料 B 薑汁糖水]。

4 煮滾至糖融化即可。

5 黑糖水，鍋內放入 [材料 C 黑糖水]。

6 煮滾至黑糖融化即可。

11 蜜芋頭

份量 300 公克　／　**器具** 平底鍋

萬用配料

材料（g）

A	芋頭 / 切塊	300
	水	150
B	白砂糖	150

燕子老師小撇步

★ 蒸芋頭要留氣孔不能將蓋子全密閉，芋頭蒸完較能保持形狀完整。
★ 翻拌好的芋頭要浸製一天才會完全入味。
★ 食用時加入桂花蜜，也會有另一種風味。

作法

1　將芋頭切大塊狀，加水放入電鍋，外鍋 1 杯水蒸熟。

2　芋頭要趁熱倒入白砂糖。

3　取兩個容器，用翻倒的方式進行蜜糖。

4　因為此時芋頭鬆軟，如果使用刮刀攪拌容易弄散芋頭。

5　利用芋頭蒸好的溫度讓糖融化，翻拌好靜置冷卻後就可以移入冷藏。

6　蜜好的芋頭不會散掉，形狀保持完整。

蜜紅豆

份量 300 公克 / **器具** 平底鍋

萬用配料

材料（g）

A	生紅豆	100
	水	180
B	二砂糖	100

燕子老師 小撇步

★ 清洗生紅豆時浮起來的就是品質不好的豆子，要挑掉。
★ 想保持紅豆粒完整，就不要用器具去翻攪，可用兩個容器交互翻倒使用。
★ 紅豆最少要泡水 6 小時以上。

作法

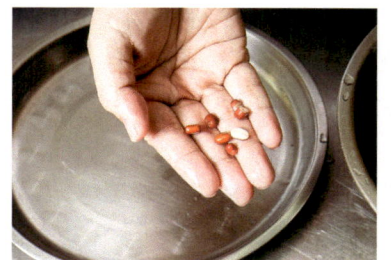
1 生紅豆泡水洗去雜質，挑出壞豆，加水放入電鍋，外鍋 1 杯水蒸熟。

2 紅豆要趁熱倒入二砂糖。

3 取兩個容器，用翻倒的方式兩邊交替。

4 此時紅豆組織軟綿，如果使用刮刀攪拌容易弄破紅豆。

5 利用紅豆蒸好的溫度讓糖融化，翻拌好靜置冷卻後就可以移入冷藏。

6 蜜好的紅豆不會破掉，形狀完整。

榮獲 國家磐石獎

古早味調味醬
經典台灣小吃必備沾醬
遵循古法釀造，使用新鮮食材發酵調製而成

無添加
100% 原粒黑豆

最天然純粹的醬油
純釀造CNS甲級標準

精選優質黑豆、純淨泉水、獨特麴菌

料理的美味好幫手
純黑豆蔭釀而成

無添加化學色素、防腐劑

高慶泉股份有限公司
南投市工業北三路2號
TEL：049-226 2239

百搭醬料

13 醬油露

份量 740 c.c. ／ 器具 小湯鍋

材料（g）

A
醬油	75
味精	4.5
雞粉	4.5
二砂糖	45
陳皮/小塊	4
水	600

B
麻油	7.5

燕子老師小撇步

★ 小火的狀態是醬汁微滾沸冒泡泡的程度就可以。

★ 冷卻後記得要撈出陳皮，確保醬汁的穩定度。

作法

1. [材料A] 入鍋熬煮。
2. 滾沸後轉小火續煮10分鐘。
3. 熄火後倒入麻油靜置，冷卻後撈出陳皮。

14 醬油膏

百搭醬料

份量 740 c.c.

器具 小湯鍋

材料（g）

A	醬油	75	二砂糖	45
	味精	4.5	水	600
	雞粉	4.5	甘草粉	1.2

B	太白粉	15

燕子老師小撇步

★ 小火的狀態是醬汁微滾沸冒泡泡的程度就可以。

★ 勾芡粉水比例為粉1：水4。

★ 如果有甘草片，也可使用等量的甘草片，但若用甘草片熬煮過後則要撈出再勾芡。

作法

1. ［材料A］入鍋熬煮。

2. 滾沸後轉小火續煮10分鐘。如加入甘草片這時候就要撈出。

3. 熄火後倒入太白粉水拌勻。

15 辣椒醬

份量 440 公克 / 器具 平底鍋

材料（g）

A	辣椒 /洗淨去蒂頭	150	B	液體油	150	C	鹽	1.5
	蒜仁	40		蘿蔔乾 /泡水切末	60		醬油	7.5
	料理米酒	150		豆豉	30			

百搭醬料

燕子老師小撇步

★ 辣椒、蒜頭勿打到過細,看不見顆粒。
★ 酒水要收乾,辣椒風味才會顯現。
★ 豆豉可以使用市售罐裝的(右圖)。
★ 辣椒洗淨後要瀝乾水分,減少生菌。
★ 蘿蔔乾洗淨、瀝乾水分即可,保留蘿蔔乾的鹹香風味。

作法

1 [材料A]入調理機。

2 打至細顆粒。

3 熱鍋放入液體油、蘿蔔乾煸香。

4 加入豆豉炒至香。

5 加入打碎辣椒水

6 煮至滾沸。

7 轉小火,熬煮至酒水收乾。

8 加入[材料C調味]拌勻即可熄火。

9 起鍋放涼,可以放在冷藏保存一個月。

41

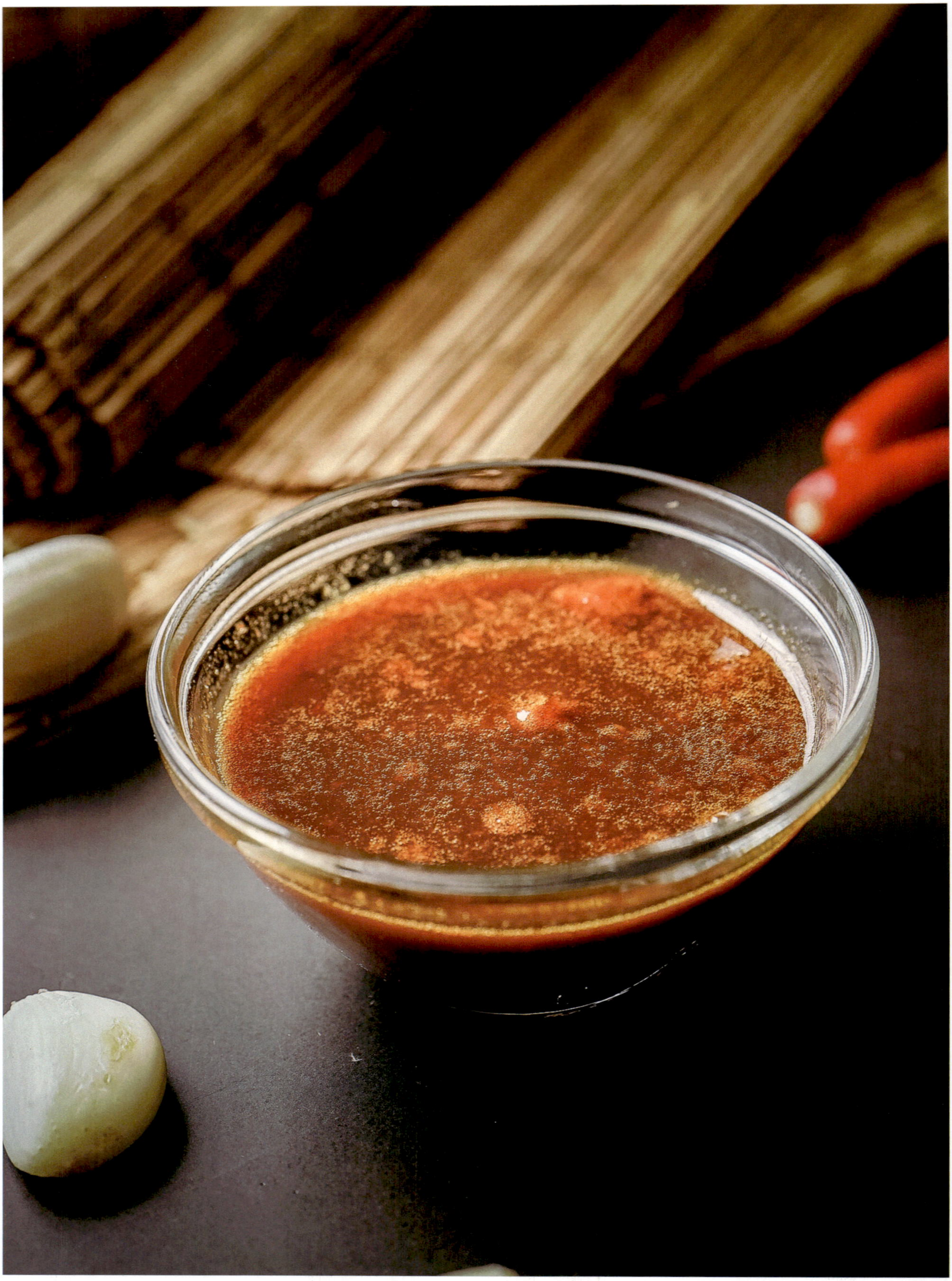

蒜泥醬

份量 400 公克 ／ **器具** 小湯鍋

材料（g）

A	辣椒／洗淨去蒂頭	150
	蒜仁	40
	水	150

B 調味	甘甜醬油膏	175
	二砂糖	15
	香油	15
	白醋	7.5

C	太白粉	5

燕子老師小撇步

★ 蒜頭建議用新鮮現剝的，市售剝好的蒜仁香氣略顯不足，有時微帶酸苦。

★ 太白粉加一點點水調勻即可。

★ 勾芡粉水比例為粉 1：水 4。

★ 醬油膏建議買較為甘甜的醬油膏不要過鹹的。

作法

1. [材料 A] 入調理機。
2. 打成泥狀。 
3. 鍋中加入辣椒蒜泥。 
4. 再加入 [材料 B 調味]。 
5. 煮至大滾，轉中小火續煮。 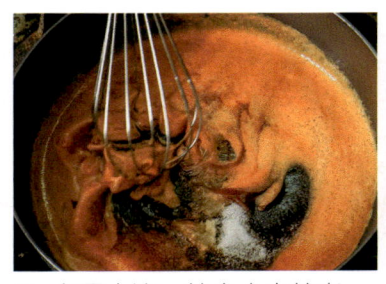
6. 中小火熬煮 5 分鐘，再加入太白粉水勾芡。

17 蔥香油

份量 250 公克

器具 平底鍋

材料 (g)

A
液體油	250
薑 / 切片	25
蔥 / 切段	50

B
八角	2
生白芝麻	8

燕子老師小撇步

★ 炸薑、蔥時，金黃微焦即可勿過焦。

★ 蔥香油可炒菜當基底油，也可涼拌當風味油。

★ 沖油時，若油溫過高，隨即加入冷油降溫以免造成焦苦。

作法

1. 熱油鍋，放入蔥段、薑片炸出香味。

2. 取一容器放入八角、生白芝麻，沖入香料油，靜置冷卻，過濾成蔥香油。

18 素香油

百搭醬料

份量 250 公克　／　**器具** 平底鍋

材料（g）

A
液體油	250
芹菜 / 切段可留葉子	25
薑 / 切片	25
香菜 / 切段	25

B
八角	2
生白芝麻	8

燕子老師小撇步

★ 炸芹菜、薑片、香菜時，金黃微焦即可勿過焦。

★ 素香油可炒菜當基底油，也可涼拌當風味油。

★ 沖油時，若油溫過高，隨即加入冷油降溫以免造成焦苦。

作法

1. 熱油鍋，放入芹菜、薑片、香菜炸出香味。

2. 取一容器放入八角、生白芝麻，沖入香料油，靜置冷卻，過濾成素香油。

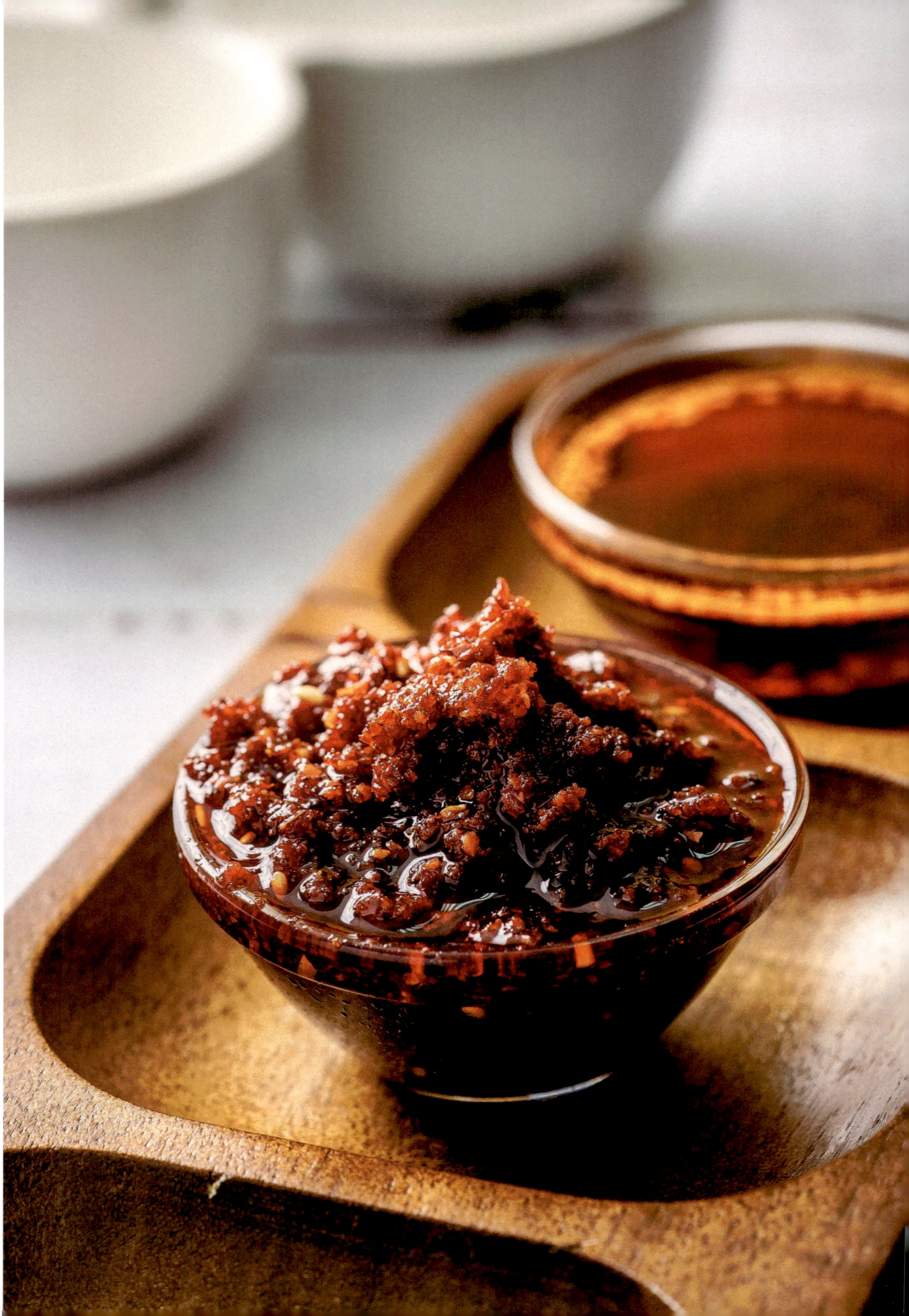

辣椒油

份量 380 公克　/　**器具** 平底鍋

百搭醬料

材料 (g)

A
粗辣椒粉	50
花椒	4.5
生白芝麻	4.5
八角	2
鹽	1

B
液體油	300
蔥 / 切段	25

燕子老師小撇步

★ 留一半辣椒粉後續再加入，可保留辣椒的色澤。
★ 此配方可過濾成純辣椒油，不過濾就成紅油辣椒。
★ 要使用粗顆粒的辣椒粉，勿使用細粉末的辣椒粉。
★ 分段處理辣椒粉，前次提出香氣，二次帶出色澤。

作法

1. 油鍋中加入蔥段爆香。
2. 金黃微焦即可勿過焦。 
3. 鍋中放入 25g 的粗辣椒粉、花椒、生白芝麻、八角、鹽。 
4. 將剛剛爆香蔥段的油燒熱，沖入【作法3】中。 
5. 要小心慢慢倒入。 
6. 全部沖入後，加入剩下的 25g 粗辣椒粉，拌勻。

海山醬

份量 700公克 / **器具** 小湯鍋

材料 (g)

A
鳳梨汁	250
甜腐乳	50
甜辣醬	30
蕃茄醬	22
醬油膏	30
淡色味噌	50
細砂糖	50
水	200

B
糯米粉	15

燕子老師小撇步

★ 味增建議用細味增，如用粗味增，可以先將味噌、細砂糖、水用果汁機打勻。

★ 糯米粉水比例為粉 1：水 3，勾芡的濃稠度視個人喜好調整。

作法

1. 全部材料放入鍋中煮滾，攪拌至沒有顆粒，轉小火熬煮 5 分鐘。
2. 加入糯米粉水勾芡。

百搭醬料

21 蚵仔煎醬

份量 750 公克 ／ 器具 小湯鍋

材料 (g)

A	蕃茄醬	140
	甜辣醬	100
	味噌	75
	白砂糖	85
	水	350
B	糯米粉	15

燕子老師小撇步

★ 味增建議用細味增，如用粗味增，可以先將味噌、細砂糖、水用果汁機打勻。

★ 糯米粉水比例為粉 1：水 3，勾芡的濃稠度視個人喜好調整。

作法

1. 全部材料放入鍋中煮滾，轉小火熬煮 5 分鐘。
2. 加入糯米粉水勾芡。

22 肉圓醬

份量 750公克 ／ 器具 小湯鍋

百搭醬料

材料（g）

A 白米醬			B 黃米醬				
水	450		味噌	45	甘草粉	2.5
白糖	30		醬油膏	45	水	450
糯米粉	45		二砂糖	60	太白粉	15
太白粉	15					

作法

1　[材料A白米醬]放入鍋中，攪拌均勻。

2　開中小火，邊煮邊攪拌，以免燒焦。

3　煮至濃稠，滾沸。

4　檢查米醬呈現流動性的狀態。

5　[材料B黃米醬]放入鍋中，攪拌均勻。

6　開中小火，邊煮邊攪拌，以免燒焦。

7　煮至濃稠，滾沸。

8　檢查米醬呈現流動性的狀態。

9　肉圓搭配的兩種米醬。

台南碗粿

懷舊米食

菜頭粿

份量 1公斤 ／ 模具 鋁模或竹蒸籠 ／ 器具 蒸籠、電鍋、蒸箱

材料（g）

A	白蘿蔔 / 清肉	175
	水	350

B	在來米粉	300	鹽	4
	水	150	雞粉	6
	馬蹄粉	12	細砂糖	7

懷舊米食

燕子老師 小撇步

★白蘿蔔清肉指的是去皮後的重量。
★如用鋁模則不用擦油，若用一般容器則需在器皿上擦一層油，方便冷卻後好脫模。
★視模具深淺可調整蒸製時間，以筷子插入糕體正中心，若無生粉漿即熟成。
★如蘿蔔絲的量愈少，則不建議水煮 以免蘿蔔未軟透，水分已經揮發。

作法

1 白蘿蔔去皮刨絲。

2 將 [材料A] 加在一起，放入電鍋，外鍋1杯水蒸軟備用。

3 [材料B] 放入容器中攪拌均勻。

4 將蒸熟的白蘿蔔趁熱沖入拌好的 [材料B] 中。

5 攪拌均勻。

6 填模。

7 表面鋪平，輕摔一下。

8 以中火蒸40分鐘。

9 以筷子插入糕體正中心，無生粉漿即熟成。

24 台南碗粿

份量　粉糊 1200 公克

模具　家常用飯碗

器具　蒸籠、電鍋、蒸箱

材料 (g)

A 粉漿	在來米粉	215
	太白粉	10
	水	865
	鹽	2
B 配料	乾香菇 / 泡水	4 朵
	鹹蛋黃 / 對切成半圓	2 顆
	蘿蔔乾 / 泡水	50
C 爆香	液體油	12
	紅蔥頭 / 切末	20
	豬絞肉	50
D 調味	細砂糖	15
	醬油	15
	胡椒粉	0.6

燕子老師小撇步

★ 蘿蔔乾泡水去除鹹味後擠乾，煸乾水分，備用。

★ 粉質需糊化才能填入碗中，若是呈現稀糊，在蒸製過程中粉水會分離，放在碗上的蛋黃跟香菇會沉在碗底。

★ 食用時，加入醬油膏（P.024）、炒香蘿蔔乾即可。

作法

1. [材料 A] 攪拌均勻。
2. 起油鍋，爆香紅蔥頭、豬絞肉。 
3. 加入 [材料 D 調味] 炒勻。 
4. 再倒入粉漿。 
5. 炒至糊化，呈現濃稠狀態狀。 
6. 取容器填入，放上鹹蛋黃、香菇，放入蒸籠蒸 25 分鐘或電鍋外鍋 1 杯水蒸熟。

25 芋頭糕

份量 600公克 ／ **模具** 鋁模或竹蒸籠 ／ **器具** 蒸籠、電鍋、蒸箱

懷舊米食

材料 (g)

A 粉漿
在來米粉	55
馬蹄粉	12
太白粉	12
水	75
細砂糖	15
鹽	4

B
芋頭 / 切丁骰子大	150
水	200

C 爆香
液體油	15
紅蔥頭 / 切末	10
乾香菇 / 泡水切丁	10
蝦米 / 泡水	12

D 調味
醬油	15
二砂糖	15
胡椒粉	1.5
五香粉	0.2

燕子老師 小撇步

★ 乾香菇泡水軟化後要確實擠乾水分。

★ 蝦米泡水後，要洗去雜質且瀝乾水分。

★ 爆香料要分開煸炒，最後再組合。

★ 如用鋁模則不用擦油，若用一般容器則需在器皿上擦一層油，方便冷卻後好脫模。

★ 視模具深淺可調整蒸製時間，以筷子插入糕體正中心，若無生粉漿即熟成。

★ 芋頭需要先蒸至軟透，才能跟粉糊一起拌勻。

作法

1. 芋頭加水，放入電鍋外鍋 1 杯水蒸熟。

2. [材料 A] 攪拌均勻。

3. 將蒸熟的芋頭丁趁熱加入粉漿中拌勻。

4. 起油鍋，加入 [材料 C 爆香]，再加入 [材料 D 調味]。

5. 將爆香的食材加入粉漿中，攪拌均勻。

6. 取容器填入，放入電鍋外鍋 1 杯水蒸熟。

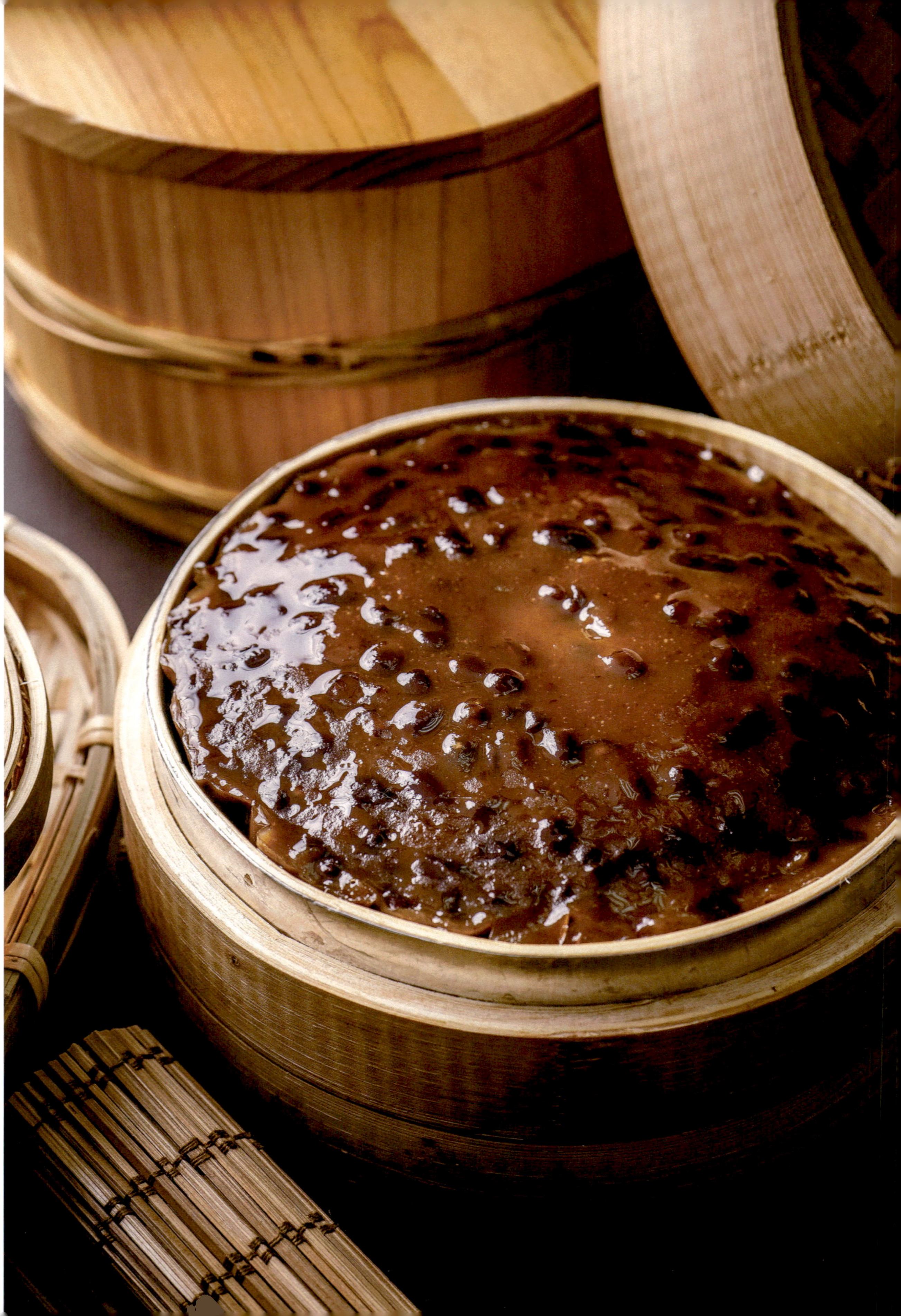

紅豆年糕

份量 粉糊 550 公克 ／ **模具** 鋁模或 5 吋竹蒸籠、年糕紙 ／ **器具** 蒸籠、電鍋、蒸箱

材料（g）

A	生紅豆／泡水	50
	水	150

B 粉漿	紅豆水	120
	糯米粉	130
	二砂糖	45
	黑糖	45

燕子老師小撇步

★ 紅豆粒需要泡軟蒸至軟爛，若夾生或是過硬，再和粉糊混和後，很難再熟透軟化，這點要注意。

★ 蒸紅豆的紅豆水需留下。若蒸完後水量不足，可再加入一般冷水即可。

作法

1 清洗生紅豆挑出壞殼及雜質，泡水 6 小時。

2 加水蒸軟透，需過濾，且保留紅豆水。

3 [材料 B] 混和、攪拌均勻。

4 加入蒸熟紅豆粒。

5 輕輕使用刮刀，避免過度攪拌，破壞紅豆完整性。

6 裝入容器中，以大火蒸 40 分鐘。

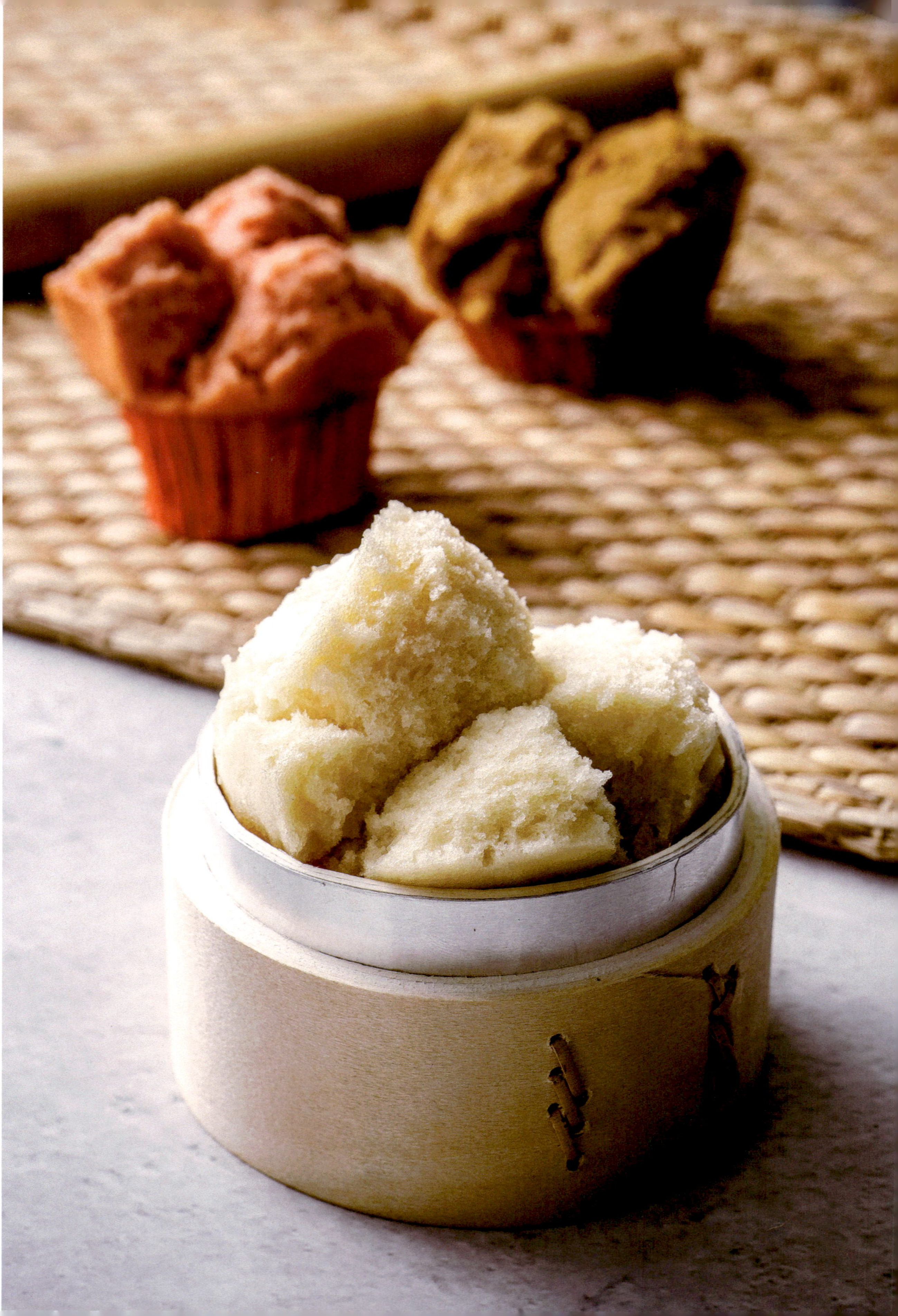

懷舊米食

發粿

份量 800 公克　／　模具 家常用飯碗或紙模　／　器具 蒸籠、電鍋、蒸箱

材料（g）

低筋麵粉	100
蓬萊米粉	150
黑糖或白糖	75
水	150
泡打粉	8

燕子老師小撇步

★可以先將低筋麵粉和蓬萊米粉過篩，防止麵粉結粒，在粉糊中不易拌勻。

★如要做原色的發粿，把黑糖改成白砂糖。

★蒸發粿的火力要強，且蒸氣要大裂口才會漂亮。

★如不用泡打粉，可換成 3g 酵母粉。

作法

1　將所有材料放入鍋中。

2　攪拌均勻。

3　倒入模具中。

4　將黑糖改成白糖，其他材料一樣。

5　要將發粿先靜置 15 分鐘，表面有起泡才能蒸。

6　一定要滾水起蒸，約 18～20 分鐘，不可掀蓋。

草仔粿

份量 70公克×6個 / **模具** 饅頭紙 / **器具** 蒸籠、電鍋、蒸箱

材料 (g)

	A			C			D	
	燙熟鼠麴草	40	內餡	液體油	50	調味	細砂糖	15
	水	140		菜脯米 / 泡水	40		鹽	1
B	糯米粉	200		乾香菇 / 泡水切細絲	2 朵		醬油	30
粉糰	二砂糖	30		紅蔥頭 / 切末	30		胡椒粉	0.6
	液體油	10		蝦米 / 洗過不要泡	18			
				五花肉 / 切細絲	100			

燕子老師 小撇步

★ 買來的鼠麴草需先前處理，挑去老梗枯葉完全洗淨，滾水煮 10 分鐘，撈出漂冷水，擰乾水分，冷凍保存。

★ 粉糰使用粄母製作，可讓粉糰有彈性好操作，但切勿加過多會太黏手。

★ 菜脯米切勿泡過久會沒味道，約 15 分鐘即可擰乾，泡水後的菜脯米大約有 200 公克。

★ 香菇需泡軟後捏乾再切細絲。

★ 蝦米洗過不要泡是為了保留蝦米的鹹香風味。

★ 包餡料時手上可以沾少許油，讓粉糰可保濕，也會較好操作包餡。

★ 蒸草仔粿時蒸氣勿太猛，過度熱漲冷縮像吹氣球一樣，開蓋後溫度驟降，造成內縮形狀不漂亮。

粉糰

1 將 [材料 A] 放入果汁機打碎即成汁液。

2 備一鍋，加入 [材料 B 粉糰]。

3 再放入【步驟 1】。

4 用手拌勻粉糰。

5 拌至顏色均勻。

6 取一小塊粉糰約 44 公克放入水中煮。(粉糰重量 1/10)

7 要小心不要黏在鍋底。

8 粉糰會慢慢煮熟。

9 煮至膨脹、浮起成粄母。

10 將粄母放回粉糰中。

11 用手搓揉至有光澤。

12 完成草仔粿的皮。

內餡

13 起油鍋依序爆香香菇、蝦米、五花肉。

14 炒至焦香。

15 放入紅蔥頭。

懷舊米食

16 拌炒均勻。

17 加入菜脯米。

18 炒至水分收乾。

19 加入 [材料 D 調味]。

20 炒至水分收乾。

21 起鍋,放涼備用。

包餡

22 取一粉糰 60 公克,輕壓呈圓扁狀。

23 外圍的粉糰可以壓薄一點。

24 包入 50 公克的內餡。

25 用虎口轉圈慢慢收起。

26 直到包起收口收緊。

27 放在饅頭紙上,中火蒸 15 分鐘。

29 菜包粿

份量　60公克×10個　／　模具　饅頭紙　／　器具　蒸籠、電鍋、蒸箱

68

懷舊米食

材料（g）

A 粉糰
糯米粉	300
在來米粉	50
熱水	225
液體油	25

B 染色
紅麴粉	適量
南瓜粉	適量
紫薯粉	適量

C 內餡
抹茶粉	適量
白蘿蔔絲／切絲	400
鹽	1

D 爆香
細砂糖	2
油	50
香菇／切細絲	4 朵
蝦皮／洗過不要泡	35

E 調味
豬絞肉	100
鹽	7
細砂糖	7
胡椒粉	2.5
醬油	30

燕子老師 小撇步

★ 如要製作彩色粿皮，取原色粉糰，加入適量的色粉搓揉均勻即可。

★ 蘿蔔絲水分不用擠太乾，400 公克蘿蔔絲擠乾水分，略剩下 200 公克即可。

★ 包餡料時手上可以沾少許油，讓粉糰可保濕，也會較好操作包餡。

★ 包好的菜包粿底部一定要墊上饅頭紙或是竹葉防沾黏。

★ 蒸草仔粿時蒸氣勿太猛，過度熱漲冷縮像吹氣球一樣，開蓋後快速冷卻，造成內縮形狀不漂亮。

粉糰

1 取一鋼盆，將糯米粉、在來米粉倒入混和。

2 熱水煮沸沖入粉中，攪拌均勻。

3 再加入液體油。

4 戴上手套,搓揉至均勻。

5 需揉到粉糰不結塊有光澤。

6 將粉糰均分成三等份。

7 取其一壓扁加入南瓜粉。

8 再搓揉至顏色均勻。

9 其他顏色的粉糰也是用一樣方式染色。

內餡

10 起油鍋爆香香菇。

11 加入蝦米炒至焦香。

12 再放入絞肉。

13 炒至肉末熟。

14 加入白蘿蔔絲。

15 拌炒至水分收乾。

懷舊米食

16 加入 [材料 E 調味]。

17 拌炒至香。

18 起鍋放涼備用。

組合

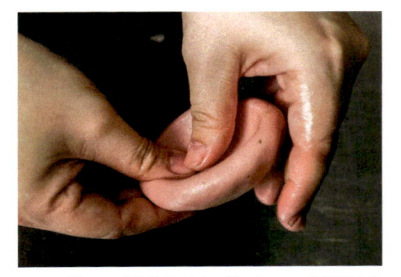

19 取一粉糰 60 公克，輕壓呈圓扁狀。

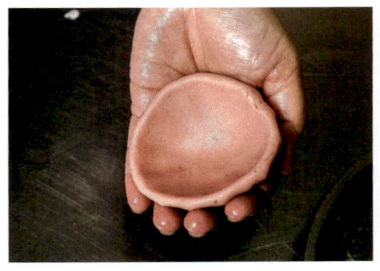

20 外圍的粉糰可以壓薄一點。

21 包入 40 公克的內餡。

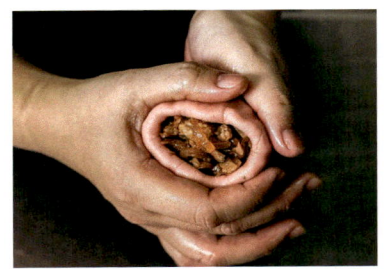

22 用虎口轉圈包住。

23 慢慢收起。

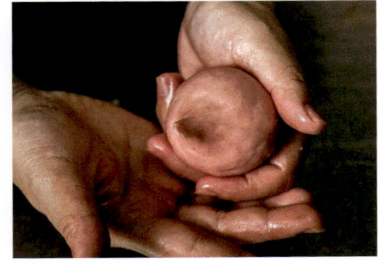

24 直到包起收口收緊。

25 翻面，在表面中間捏出一條紋路。

26 平均均分兩邊，中間突起，修整成型。

27 放在饅頭紙上，中火蒸 20 分鐘。

71

芋粿巧

份量 70公克×7個 / **模具** 竹葉或防油紙 / **器具** 蒸籠、電鍋、蒸箱

材料 (g)

A	芋頭 / 骰子大	130

B 粉糰	在來米粉	50
	糯米粉	75
	滾水	75
	液體油	8

C 爆香	液體油	17
	紅蔥頭 / 切粗末	17
	胛心肉 / 切骰子大	70
	蝦米 / 泡水	12
	香菇 / 切丁	3 朵

D 調味	鹽	2
	細砂糖	5
	胡椒粉	0.6
	五香粉	0.6
	醬油	15

懷舊米食

> **燕子老師 小撇步**
> ★ 芋頭炸過較能維持形狀，也可避免芋頭丁在翻炒時破壞形狀。
> ★ 兩種粉混合後，需要以全滾水燙粉糰。
> ★ 做好的芋粿巧底部一定要墊上饅頭紙或是竹葉防沾黏。
> ★ 芋粿巧可依各人喜好調整克數大小。

作法

1. 起油鍋依序爆香香菇、胛心肉、蝦米，放入芋頭丁。
2. 炒至焦香，再加入紅蔥頭拌炒均勻，加入 [材料 D 調味]。 
3. 拌炒均勻後，起鍋放涼備用。 
4. 取一鋼盆，將糯米粉、在來米粉倒入混和，煮一熱水沖入粉中。 
5. 拌勻後加入炒好的芋頭料。 
6. 拌勻成糰。 
7. 取一 70 公克重粉糰，整形成彎月形。 
8. 表面輕壓平，壓扎實。 
9. 放在饅頭紙上，大火蒸 18 分鐘。

炒米粉

份量　2〜3人份　／　器具　炒鍋

懷舊米食

材料（g）

A 乾米粉　　200

B 高湯　　　800
　　醬油　　　5
　　鹽　　　　0.6
　　胡椒粉　　0.2
　　炸油蔥　　10
　　（參考 P.025）

C 佐料 油蔥肉燥　50
　　　　韭菜　　　15
　　　／5 公分小段

燕子老師 小撇步

★ 米粉泡水軟化後撈出瀝乾水分。
★ 炒的過程中要翻炒將湯汁收乾。
★ 韭菜用滾水汆燙撈出備用，食用時再與油蔥肉燥一起放在炒米粉上。
★ 如要馬上食用，韭菜也可在炒米粉時一起加入翻炒，但久放後韭菜會發黃色澤會不漂亮。

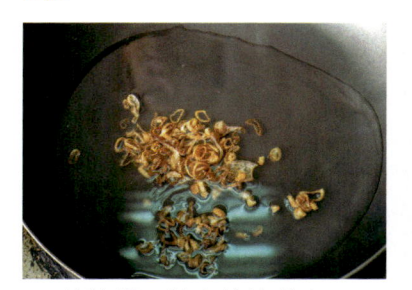

作法

1 熱油鍋，放入炸油蔥。

2 加入醬油。

3 放入其他 [材料 B]，煮至高湯滾。

4 放入泡好的米粉。

5 過程中可以用筷子翻炒均勻，湯汁收乾。

6 炒至鬆軟的狀態即可，食用時加上油蔥肉燥和韭菜。

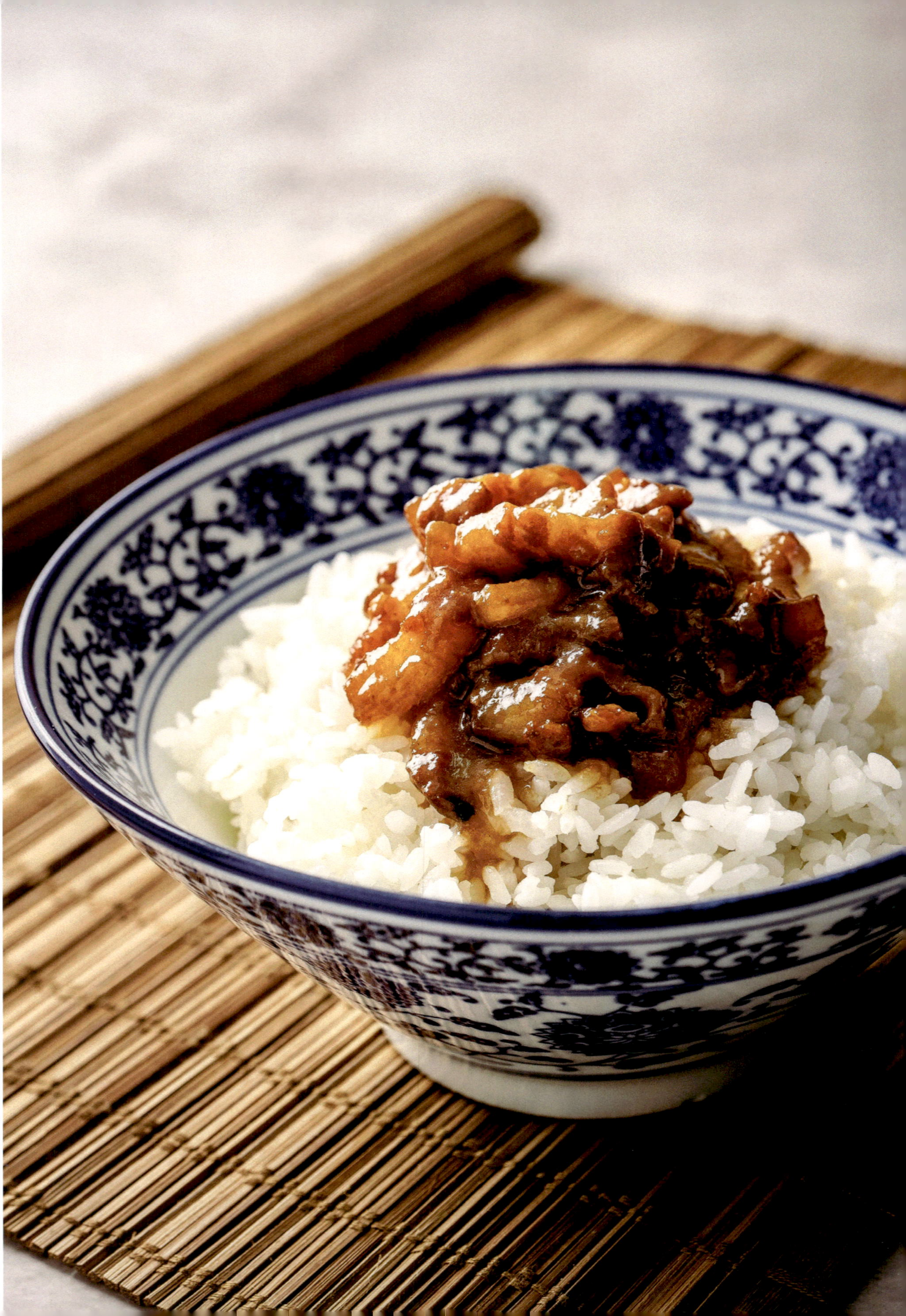

滷肉飯

懷舊米食

材料（g）

A 蔥油
- 液體油　　　　60
- 紅蔥頭 / 切珠　60
- 蔥 / 切段　　　30

B
- 五花肉 / 切細條　300

C 調味
- 胡椒粉　　1.2
- 冰糖　　　12
- 醬油　　　15
- 醬油膏　　15

D 酒水
- 米酒　　　30
- 水　　　　250

燕子老師小撇步

★ 爆香蔥油時，只要撈出蔥段即可。
★ 豬肉要炒乾才能下調味料。
★ 開始燉煮時須小火燉煮，微滾的狀態，火力勿過大。
★ 如不用新鮮紅蔥頭，可使用書中介紹的炸油蔥（P.025）。

作法

1. 起油鍋，爆香紅蔥頭。
2. 加入蔥段一起爆香。 
3. 撈起蔥段，放入五花肉。 
4. 煸炒五花肉條，炒到沒有血水。 
5. 再將剛剛的蔥段放入，下調味料炒到上色。 
6. 倒入 [材料 D 酒水]，以小火慢燉到微收乾湯汁，呈現黏稠狀態。

33 筒仔米糕

份量　3杯　/　模具　鐵杯或陶杯　/　器具　蒸籠、電鍋、蒸箱

懷舊米食

材料（g）

A	長糯米 / 泡水	150
B	五花肉 / 切條	60
	乾香菇 / 泡水切絲	8
	蝦米 / 泡水	18
C 調味	鹽	2.5
	細砂糖	3.25
	胡椒粉	0.6
	五香粉	0.25
	醬油	15
D	水	50

燕子老師小撇步

★ 長糯米要充分泡足吸飽水分後蒸熟。

★ 筒仔米糕醬：細味增 8 公克、海山醬 15 公克、醬油膏 8 公克、細砂糖 7 公克、水 20 公克。（或是使用書中介紹的海山醬也是風味絕佳。）

★ 小黃瓜：小黃瓜 100 公克切片、鹽 2 公克、細砂糖 12 公克，全部抓勻瀝出水分即可。

★ 食用時淋上米糕醬，加上醃好小黃瓜即可。

作法

1. 長糯米泡水 6 小時候瀝乾水分，入蒸籠蒸熟成米飯備用。

2. 起油鍋，依序放入五花肉條、香菇絲、蝦米炒香。

3. 加入 [材料 C 調味] 拌炒均勻，加入水煮滾。

4. 鍋中放入蒸熟糯米，將煮好的配料取出湯汁，和糯米飯拌勻。

5. 模具底層放入炒好的料。

6. 將米飯填入模具、輕壓，讓筒裡米飯緊實，填滿後輕敲出空氣，放入蒸籠蒸 15 分鐘，即可取出，食用前扣出。

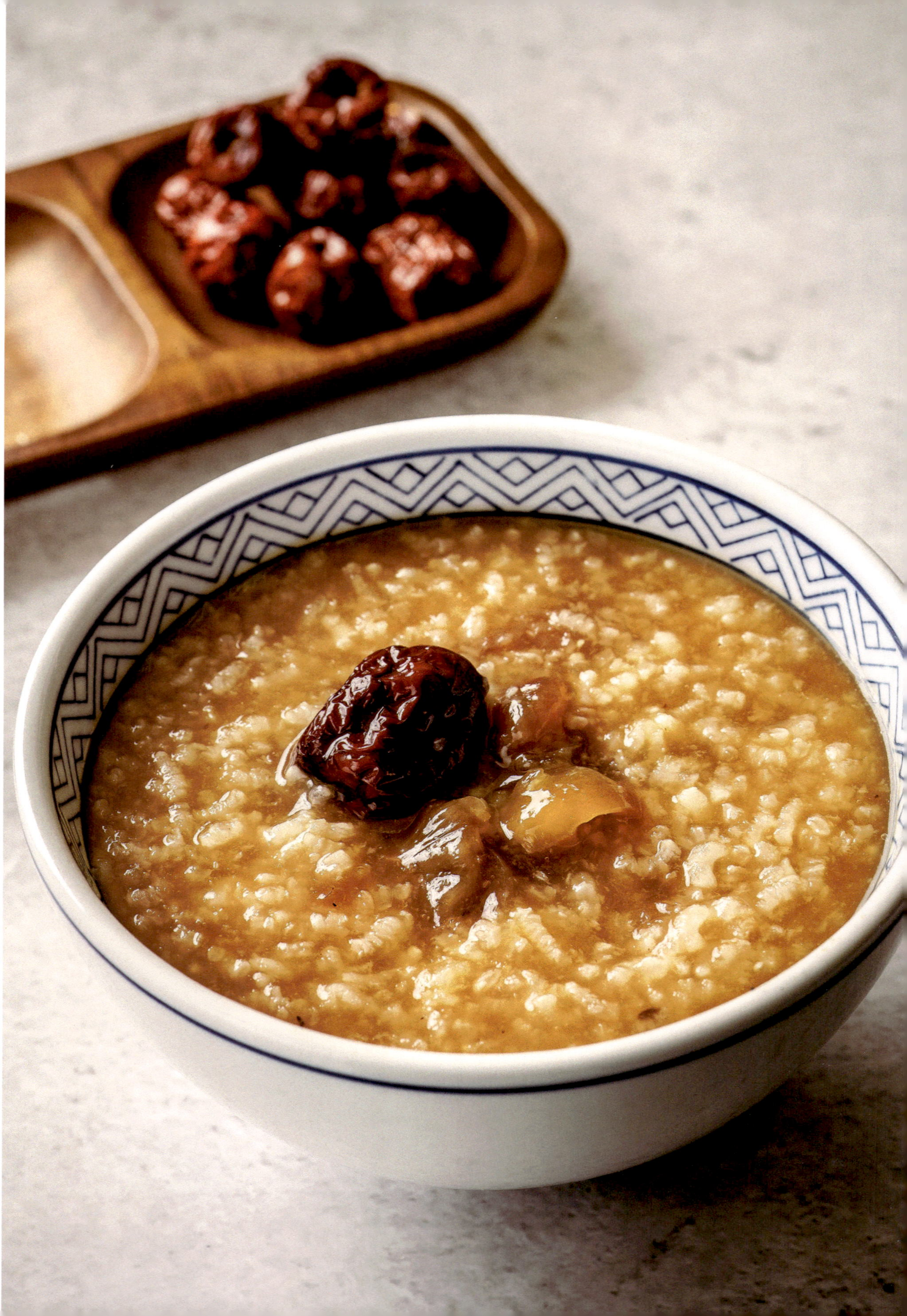

桂圓米糕粥

器具 小湯鍋

懷舊米食

材料(g)

A
圓糯米	100
水	1000
桂圓肉	30
紅棗	4 顆

B
黑糖	30
紅糖	30

燕子老師小撇步

★ 過程中需要常攪動，糯米黏稠容易巴鍋，若不注意會焦底。

★ 可移入電鍋，放入外鍋 1 杯半的水，跳起，起鍋後移到爐火上開火，煮至黏稠後熄火。

★ 桂圓和紅棗可用少許米酒清洗，尤其是桂圓，常有人工剝除後殘留的外殼，要清洗乾淨。

作法

1 圓糯米洗淨，泡水六小時。

2 將糯米和紅棗放入鍋中加水，大火煮滾，轉小火煮。

3 煮至米粒化開，起鍋之前放入桂圓肉煮至桂圓軟化，放入 [材料 B] 煮滾。

好味麵食

燙麵

A、使用到燙麵法的麵糰有：牛肉捲餅、炸彈蔥油餅、蔥抓餅、餡餅、韭菜盒。

B、使用燙麵＋冷水的麵糰有：鍋貼、蒸餃。

作法

1. 將麵粉、鹽放入攪拌缸中。
2. 加入滾水，要注意一定要煮滾的水，才有燙麵的效果。 
3. 攪拌均勻 [如材料中還有冷水的，這個階段加入一起攪打]。 
4. 打至成糰，如果打不到記得要刮缸。 
5. 加入液體油 [如材料中無油可省略]。 
6. 持續攪拌成糰。 
7. 麵糰需打至表面有光澤。 
8. 取出，蓋上濕布或封保鮮膜，醒麵 20 分鐘。 
9. 醒好的麵糰按壓呈現鬆軟。

35 牛肉捲餅

份量 110公克×2個 ／ 器具 平底鍋

好味麵食

材料(g)

A 麵糰
- 中筋麵粉　100
- 滾水　　　50
- 液體油　　18
- 鹽　　　　2

B 市售甜麵醬　15

C 配料
- 小黃瓜/切粗絲　30
- 蔥/切絲　　　　12
- 滷腱肉/切片　　75
  （參考 P.020）

燕子老師小撇步

★ 小黃瓜切粗絲，口感上有層次、脆口，切完小黃瓜絲可以泡冷開水，保持清脆。

★ 青蔥可切成絲也可切成段，蔥白為佳，綠色尾端建議不用，舌韻會微苦。

作法

1. 參考燙麵作法 P.083。
2. 分割麵糰1個110公克，均勻擀開成圓片。 
3. 熱鍋，將擀好麵皮放入。 
4. 煎至兩面金黃。 
5. 取出，塗上甜麵醬，包入黃瓜絲、蔥絲、肉片。 
6. 捲起，切塊即可。

炸彈蔥油餅

份量　120公克×2個

器具　平底鍋

材料（g）

A 麵糰
中筋麵粉	100
滾水	75
液體油	15
鹽	2

B
蔥／切珠	50
雞蛋	2 顆

好味麵食

燕子老師小撇步

★ 蔥不要切太細，會吃不出蔥的口感。
★ 要趁雞蛋還沒熟時，將餅皮放上去才會沾黏，或是要各別炸熟再組合也可以。
★ 可在餅皮上刷上醬油膏或蒜泥醬食用，喜辣者也可搭配辣椒油或辣椒醬。（參考 P.046、P.040）

作法

1 參考燙麵作法 P.083，分割麵糰 120 公克 1 個，擀開，撒上蔥花。

2 將麵糰小心捲起不要弄破。

3 將收口捏起。

4 再從尾端捲起。

5 捲圓，靜置鬆弛 20 分鐘。

6 將麵糰用手或是擀麵棍擀開成圓片。

7 鍋中倒入液體油，放入餅皮。

8 將麵皮兩面炸熟後提起，打入 1 顆蛋。

9 將麵皮蓋上，掌握雞蛋熟成度即可。

37 蔥抓餅

份量 120公克×2個　／　**器具** 平底鍋

好味麵食

材料 (g)

A 麵糰			B		
中筋麵粉	100		豬油	20	
滾水	70		蔥 / 切末	40	
鹽	2				

> **燕子老師小撇步**
> ★ 這樣的捲法可以在煎餅時,輕易將餅皮拍鬆。
> ★ 豬油需要先靜置室溫下軟化,才好均勻塗抹麵皮。
> ★ 若不喜豬油,可改成液體油。

作法

1. 參考燙麵作法 P.083,分割麵糰 120 公克 1 個,擀開。
2. 擀成長方形麵片,均勻塗上軟化豬油,撒上蔥末。 
3. 往中間捲起,捲成一條。 
4. 接縫處按壓緊實後,再往兩頭各自捲起。 
5. 兩邊反方向往中間捲起。 
6. 捲起之兩邊重疊,靜置鬆弛。 
7. 將麵糰用手或是擀麵棍擀開成圓片。 
8. 放入鍋中,煎至兩面金黃。 
9. 中心麵糰熟成後,由兩側往餅皮中間擠壓拍鬆。

蛋餅

份量 3人份 / 器具 平底鍋

材料 (g)

A 粉糊				B		
中筋麵粉	75	太白粉	25	油蔥肉燥（參考 P.026）	50
高筋麵粉	25	胡椒粉	1.2	蔥 / 切末	25
地瓜粉	25	水	270	雞蛋	3 顆

好味麵食

燕子老師小撇步

★ 基礎麵糊可事先調好，要煎蛋餅時，再把蔥花、油蔥肉燥加入。因加入蔥花會讓粉漿不穩定，易酸敗。

★ 基礎麵糊加進蔥花後，隔天易酸壞，建議用多少舀多少，使用時才加進蔥花。

★ 蛋餅的厚度可以依照個人喜好調整。

作法

1 取一鍋子，放入 [材料 A 粉糊]。

2 攪拌均勻的粉糊需靜製 15 分鐘。

3 加入油蔥肉燥、蔥末，攪拌拌勻。

4 熱鍋加入少許油，倒入粉糊。

5 小火慢煎至凝固。

6 翻面續煎，煎至兩面熟成。

7 將蛋打散，倒入。

8 蓋上煎好的蛋餅皮。

9 兩邊往中間疊起即完成。

餡餅

份量 6個 / 器具 平底鍋

材料（g）								
A 麵糰	中筋麵粉	100	B 肉餡	豬或牛絞肉	100	C 蔥薑水	蔥	20
	滾水	60		鹽	1		薑	20
	鹽	0.5		花椒粉	1.2		水	40
				胡椒粉	1			
				醬油	8			
				香油	5			

> **燕子老師小撇步**
>
> ★蔥薑水的作法除了用調理機打，也可將蔥、薑拍扁，加入水後均勻搓揉出汁液。
> ★肉餡需要充分抓醃蔥薑水，肉餡才會飽滿多汁。

作法

1 參考燙麵作法 P.083，麵糰平均分割成 6 份，再醒麵 20 分鐘。

2 將 [材料 C 蔥薑水] 放入調理機中，打成泥狀。

3 [材料 B 肉餡] 攪拌均勻，加入蔥薑水攪打出黏性，醃漬 4 小時備用。

4 將麵皮擀開，擀成薄皮狀。

5 包入肉餡約 30 公克。

6 捏出皺褶。

7 邊捏邊收口慢慢將餡餅包起。

8 包好後翻面整形。

9 放入鍋中煎至兩面金黃熟透。

40 韭菜盒

份量 4個 / 器具 平底鍋

材料（g）

A 麵糰		
中筋麵粉	100	
滾水	75	
液體油	5	
鹽	2	

B 餡料				
韭菜 / 0.5 公分末	100	鹽	1.2
蝦皮	10	胡椒粉	0.6
濕冬粉 / 切小段	30	醬油	2.5
雞蛋 / 炒熟蛋末	50	香油	5

好味麵食

燕子老師小撇步

★ 餡料建議拌完後就要馬上包製。

★ 使用容器切割整形，一方面是形狀會較完整，一方面是在滾壓時，也可再將麵皮壓緊，也可用剪刀修剪邊緣調整。

作法

1. 參考燙麵作法 P.083，麵糰平均分割成 4 份，再醒麵 20 分鐘。

2. 先將蝦皮乾鍋焙香，放涼。

3. 將所有 [材料 B 餡料]、放入鍋中攪拌均勻。

4. 取一麵皮擀開，包入餡料約 45 公克。

5. 對折，邊緣處捏緊黏合。

6. 將韭菜盒放在桌面，將捏合處壓緊實。

7. 取一容器，切割出圓形弧度，拿剪刀修剪也可以。

8. 也可以從邊緣開始捏出紋路。

9. 捏好後，熱鍋加入少許油，乾烙韭菜盒至金黃熟透。

41 鍋貼

份量　30個　/　器具　平底鍋

材料（g）

	A 麵糰		
	中筋麵粉	200	
	滾水	50	
	冷水	50	
	鹽	1.5	

B 肉餡	
豬絞肉	300
鹽	3
細砂糖	6
雞粉	2.2
白胡椒粉	0.8
蠔油	15
香油	2.2

C 蔥薑水	
蔥	10
薑	10
水	10

D		
韭黃 / 切小丁	100	

E 粉水	
中筋麵粉	6
太白粉	6
水	100

好味麵食

> 燕子老師小撇步
>
> ★ 麵糰中的麵粉必須先用滾水燙麵攪拌後，才能加入冷水。
> ★ 蔥薑水的作法除了用調理機打，也可將蔥、薑拍扁，加入水後均勻搓揉出汁液。
> ★ 粉水製作就是將麵粉、太白粉、水攪拌均勻。
> ★ 粉水中的太白粉，也可以換成玉米粉。
> ★ 鍋貼是直接生煎，加上水煎至熟成，呈現長條狀的生煎餃子。

作法

1. 參考燙麵作法 P.083，醒麵 20 分鐘。
2. 將 [材料 C 蔥薑水] 放入調理機中，打成泥狀。 
3. [材料 B 肉餡] 全數攪拌均勻，加入蔥薑水，醃漬 4 小時。 
4. 加入韭黃攪拌均勻。 
5. 切割鍋貼麵糰每個約 10 公克，壓扁擀開成麵皮。 
6. 包入韭黃餡料每個約 15 公克。 
7. 將麵皮兩邊向中間折起。 
8. 左右兩側壓緊包好。 
9. 熱鍋倒入油，放入鍋貼，淋上調好的粉水，中小火煎至粉水收乾。

水餃

份量 22個 / 器具 平底鍋

材料（g）

	A 麵糰		
	中筋麵粉	150	
	冷水	75	
	鹽	1	

	B 染色		
	紅麴粉	適量	
	薑黃粉	適量	
	綠茶粉	適量	

	C 肉餡		
	豬絞肉	150	
	鹽	1.5	
	細砂糖	3	
	李錦記特級雞粉	1.2	
	白胡椒粉	0.5	
	李錦記舊庄特級蠔油	8	

	D 蔥薑水		
	蔥	9	
	薑	9	
	水	10	

	E		
	香油	5	
	白油	70	

	F 配料		
	高麗菜／切丁	150	
	蔥／切末	20	
	韓式泡菜／切小塊	150	
	韭菜／切末	150	
	玉米粒	150	
	小磨坊咖哩粉	適量	

好味麵食

> **燕子老師小撇步**
>
> ★ 麵糰染色建議先製作原色麵糰，再加入其他顏色的色粉，揉進麵糰中染色。
> ★ 蔥薑水的作法除了用調理機打，也可將蔥、薑拍扁，加入水後均勻搓揉出汁液。
> ★ 肉餡醃漬的時間越久，就會越入味。
> ★ 水餃包的形狀可視個人喜好調整。
> ★ 包好的水餃如不馬上食用完畢需要放入冷凍保存。冷凍勿退冰直接滾水煮 6 分鐘，第一次浮起後再加一次冷水，再煮滾熟透即可。
> ★ 薑洗淨，帶皮打成蔥薑水。

麵糰

1. 中筋麵粉加入冷水、鹽。
2. 打至成糰後取出揉至光滑。 
3. 用保鮮膜包起，醒麵 20 分鐘。平均分割四等份，取三糰染色。 

肉餡基底

4. [材料 D 蔥薑水] 放入調理機中打成泥。
5. [材料 C 肉餡] 攪拌均勻。 
6. 加入打成泥的蔥薑水，醃漬 4 小時後，平均分成 4 份。

泡菜肉餡

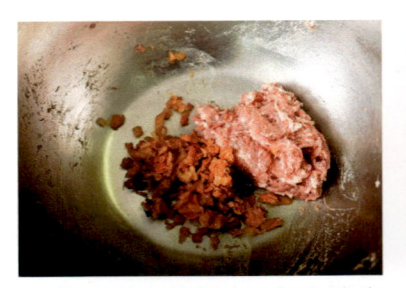

7 取一份肉餡基底,加入濾出湯汁切成小塊的泡菜。

8 攪拌均勻。

9 完成泡菜肉餡。

咖哩玉米肉餡

10 取一份肉餡基底,加入些許小磨坊咖哩粉、加入玉米粒。

11 攪拌均勻。

12 完成咖哩玉米肉餡。

韭菜肉餡

13 取一份肉餡基底,加入切末韭菜。

14 攪拌均勻。

15 完成韭菜肉餡。

高麗菜肉餡

16 切丁高麗菜加入鹽 0.5 公克、糖 2.5 公克。

17 攪拌均勻,醃漬軟化。

18 擠乾水分。

好味麵食

19 取一份肉餡基底,加入醃好高麗菜、蔥末。

20 攪拌均勻。

21 完成高麗菜肉餡。

組合

22 將每份染好色的麵糰,分割成每個 10 公克,擀開。

23 取原色麵糰,包入高麗菜肉餡約 15 公克。

24 取薑黃麵糰,包入咖哩玉米肉餡約 15 公克。

25 取紅麴麵糰,包入泡菜肉餡約 15 公克。

26 取綠茶麵糰,包入韭菜肉餡約 15 公克。

27 包入肉餡後,麵皮向上對折用兩手的虎口向中間壓實。

28 再將包好的水餃整形。

29 四種口味的水餃完成。

30 煮一滾水,放入水餃煮至熟透即完成。

43 蒸餃

份量 22個 / 模具 饅頭紙 / 器具 蒸籠、電鍋、蒸箱

材料（g）

A 麵糰	中筋麵粉	100
	滾水	40
	冷水	40

B 肉餡	豬絞肉	120
	鹽	1
	細砂糖	1.2
	雞粉	0.6
	白胡椒粉	0.3
	香油	0.6
	白油	50

C	韭黃／切末	120
	蔥／切末	20

好味麵食

燕子老師小撇步

★ 要包蒸餃時，再把切好的韭黃跟蔥拌入肉餡裡，此作法可防止肉餡出水。
★ 肉餡醃漬的時間越久，就會越入味。

作法

1 參考燙麵作法 P.083，醒麵 20 分鐘。

2 [材料 B 肉餡] 全數攪拌均勻，醃漬 4 小時。

3 再加入韭黃、蔥攪拌均勻。

4 切割麵糰每個約 12 公克，壓扁擀開成麵皮。

5 包入韭黃蔥肉餡每個約 15 公克。

6 從邊緣開始捏出摺痕。

7 使用柳葉餃包製技法。

8 完成。

9 放在蒸籠紙上，放入蒸籠蒸 8 分鐘即可。

103

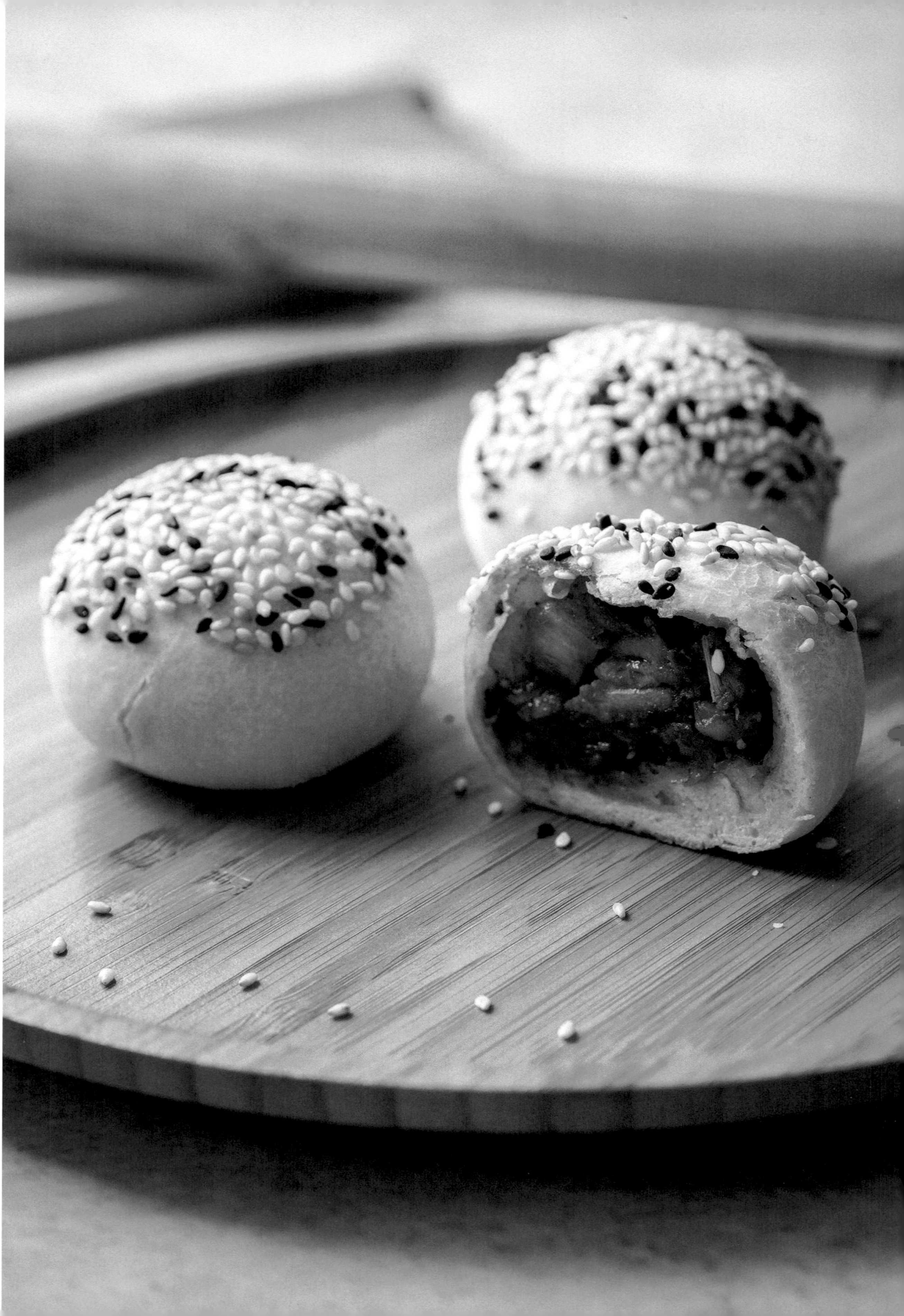

胡椒餅

份量 5 個　／　器具 烤箱

材料 (g)

A 麵糰	中筋麵粉	150
	水	80
	細砂糖	6
	鹽	1.3
	酵母	0.8
B	液體油	12
C 油酥	低筋麵粉	12
	液體油	18
D 糖水	細砂糖	7
	中筋麵粉	5
	水	25

E 內餡	赤肉條 / 筷子粗	150
	鹽	1.2
	雞粉	1.2
	細砂糖	4
	白胡椒粉	0.6
	五香粉	8
	黑胡椒粒	10
	太白粉	6
	香油	1.2
	油粒	60
	蔥 / 切珠	50
F	生白芝麻	適量
	生黑芝麻	適量

燕子老師小撇步

★ 麵糰打好後，要直接分成需要的克數，滾圓後醒麵。
★ 糖水材料可先混和均勻，靜置備用。
★ 內餡需要醃置時間，醃越久肉餡越入味，味道更佳。
★ 抹上油酥捲起時仍是醒麵鬆弛的階段，是為了包製時容易擀開，油酥層次顯明。
★ 內餡在包入時，封口一定要收緊，湯汁才不會在烤的時候流出。

麵糰

1. [材料A麵糰]放入攪拌鍋中。
2. 攪拌均勻。 
3. 拌至成糰。 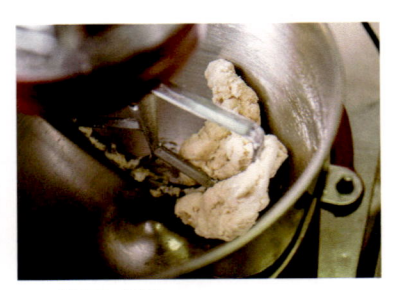
4. 加入[材料B液體油]打至光亮。 
5. 如果會打不太到麵糰,可以取出用手揉。 
6. 平均分成5份,醒麵20分鐘備用。 

內餡

7. 赤肉條切的粗細要有筷子粗,吃起來才有口感。
8. 加入其他[材料E內餡]拌勻,醃4小時備用。 
9. 要包餡之前再拌入切好的蔥花。 

糖水

10. 將糖水材料放入碗中。
11. 攪拌均勻靜置備用。 

油酥

12. 將油酥材料放入盆中,攪拌均勻。

組合

13 分好的麵糰擀開。

14 麵皮表面塗上油酥每個約 6 公克。

15 捲起，靜置到醒麵時間滿 20 分鐘。

16 將麵皮擀開，包入內餡每個約 45 公克。

17 邊壓內餡，用虎口包起。

18 將收口捏緊。

19 翻面，表面塗上糖水。

20 沾上混合的生白黑芝麻。

21 需將表面都沾滿。

22 放在烤盤上。

23 烤箱預熱上下火 180°C，20 分鐘。
預熱好後，放入胡椒餅烤 10 分鐘，轉向續烤 8 分鐘。

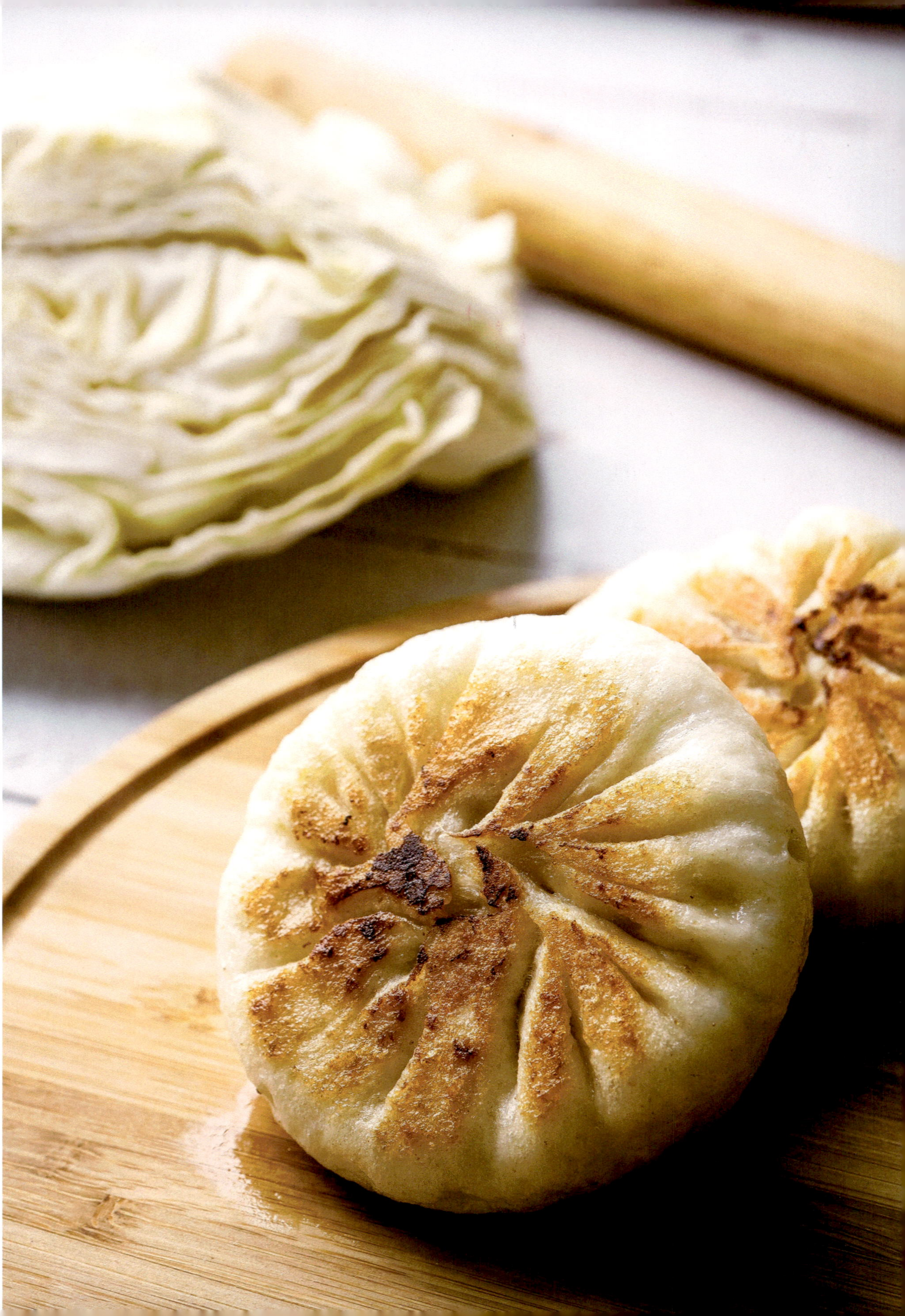

水煎包

份量 10 個　／　器具 平底鍋

材料 (g)

A 麵糰	中筋麵粉	135
	速溶酵母	2.2
	水	73
	細砂糖	5
B	液體油	13.5
C 菜餡	高麗菜 / 切丁	200
	鹽	1.2
	細砂糖	5
D 肉餡	豬絞肉	65
	鹽	1.2
	雞粉	1.2
	白胡椒粉	1.2
	醬油	2.5
	麻油	2.5
E	薑 / 切細末	12
	蔥 / 切珠	15
	豬板油 / 切小塊	65
F 粉水	中筋麵粉	8
	玉米粉	8
	水	120

燕子老師小撇步

★高麗菜，加鹽後直接擠乾水分。

★肉餡要包的時候，再拌入高麗菜、豬板油，這樣高麗菜吃起來才會比較脆口。

★水煎包的數量跟鍋子的深淺，會影響到粉水製作的量，請視情況酌量增減。

★粉水製作就是將麵粉、玉米粉、水攪拌均勻。

★蓋上鍋蓋後，切記一定要等到水煎包膨脹熟透才能將蓋子打開，不然水煎包會因為冷空氣進入而驟縮。

★水煎包的麵皮屬於發酵麵皮，若操作時間過長，可將部分麵糰先移入冷藏，抑制發酵時間。

麵糰

1 [材料A麵糰]放入攪拌鍋中。

2 攪拌均勻。

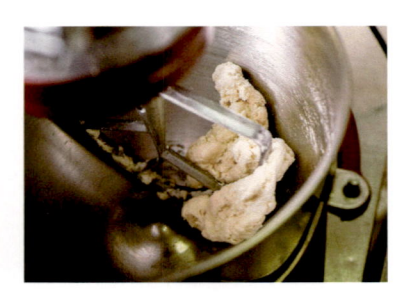

3 拌至成糰。

4 加入[材料B液體油]打至光亮。

5 離盆後取出用手揉成糰靜置。

6 平均分成5份每個約20公克,醒麵20分鐘備用。

菜餡

7 切丁高麗菜加入鹽1.2公克、糖5公克。

8 攪拌均勻,醃漬軟化。

9 擠乾水分備用。

肉餡

10 [材料D肉餡]放入攪拌鍋中。

11 攪拌均勻至有黏性。

12 靜置醃4小時。。

好味麵食

13 要包餡時，肉餡再拌入脫水後的高麗菜、[材料 E]。

14 攪拌均勻。

15 完成水煎包內餡。

組合

16 取一麵糰，擀開成圓片狀。

17 包入水煎包內餡每個約 20 公克。

18 捏出皺褶。

19 輕拉外層麵皮，慢慢將水煎包包起。

20 皺褶要捏緊，摺起的間隔都會差不多，平均將麵皮收緊。

21 收口要緊，湯汁才不會在煎的時候流出。

22 收口後調整成圓形。

23 鍋子燒熱，倒入液體油將水煎包收口處朝下擺放。

24 淋上粉水，蓋上蓋子，中大火煎到水煎包膨脹熟成。

111

割包

份量 3個 / 模具 饅頭紙 / 器具 蒸籠、電鍋、蒸箱

材料（g）

A 麵糰		
中筋麵粉	90
低筋麵粉	10
細砂糖	10
酵母	0.8
水	50

B	液體油	8

C	液體油	7.5

D 酸菜		
液體油	30
酸菜／切細末	50
蒜頭／去皮切末	15
細砂糖	12
醬油	5
白胡椒粉	0.3

E	花生糖粉	15
	香菜／切小段	適量

F 配菜	滷肉（參考 P.022）	3片

好味麵食

燕子老師小撇步

★ 麵糰整型可以擀成長橢圓形，或是自己喜歡的形狀皆可，麵皮大小也可自行調整。

★ 食用時也可以淋上甜辣醬或辣油增加香氣。

★ 麵皮可冷凍保存，食用前直接回蒸。

★ 麵糰的水量，視麵粉吸水程度而定，總水量可在 48～52%，100 公克麵粉加 48～52 公克的水。

作法

1. [材料 A 麵糰] 放入攪拌鍋中。

2. 攪拌成糰，加入 [材料 B 液體油] 打至光亮。

3. 平均分成 3 份每個約 55 公克，滾圓。

4. 擀成長橢圓形。

5. 刷上 [材料 C]，摺疊處一定要刷上液體油，不然蒸完後會沾黏。

6. 摺起，靜置發酵完成後，放入蒸籠大火蒸 8 分鐘。

7. 起油鍋爆香蒜末，加入剩餘的 [材料 D 酸菜] 拌炒至水分收乾，放涼。

8. 取一蒸好的割包，放入酸菜、滷肉。

9. 再放上花生糖粉、香菜即可。

47 涼麵

份量 3人份

好味麵食

材料（g）

A
油麵或麵條	200
液體油	12

B 醬汁
芝麻醬	30
花生醬	30
冷開水	200
醬油	18
細砂糖	12
鹽	0.1
白醋	5
香油	5

C 佐料
紅蘿蔔/切細絲	30
小黃瓜/切細絲	30

燕子老師小撇步

★ 麵條前處理：需先燙過去除鹼味，撈出後一定要漂冷開水；或是燙過以後撈出，放在吹風處散去熱氣後拌入，液體油。

★ 如果買市售的涼麵麵條，就可以不用再汆燙。

★ 紅蘿蔔、小黃瓜建議先汆燙過水，再冰鎮。水的部分必須是食用水，減少生菌的滋生。

★ 醬汁可搭配自己喜歡的其他麵體，彈性選擇個人喜好。

★ 芝麻醬和花生醬，須和冷開水攪拌乳化均勻之後，再加進其他調味料。

★ 醬汁裡的冷開水，必須是食用水。

作法

1 芝麻醬和花生醬先加水。

2 攪拌均勻，需先將芝麻醬和花生醬化開再加其他調味料。

3 加入其他[材料B醬汁]調和均勻。

4 取一容器，放入一球涼麵，再加入汆燙好的佐料。

5 淋上醬汁。

6 可以撒上一點熟白芝麻點綴。

115

更濃 更厚 至茄享受
NO.1
全球銷售#
HEINZ
1869
TOMATO KETCHUP
57 VARIETIES
GROWN NOT MADE
絕無增稠劑
非基因改造
專利種子培種
之紅厚番茄
用最好 追求更高
THL
餐飲代理商：欣臨企業股份有限公司 | 服務專線：0800-095-555
HEINZ

暖胃羹湯

48 香菇肉羹

份量 3人份 ／ 器具 湯鍋

暖胃羹湯

材料（g）

A 肉羹
赤肉條／1.5公分粗	300
太白粉	12
鹽	3
細砂糖	7
白胡椒粉	0.8
香油	2.2
雞粉	2.5

B 湯
香菇／切絲	3朵
筍／切絲	50
高湯（參考 P.016）	800

C 調味
醬油	7
鹽	2.5
雞粉	2.5
醋	5
白胡椒粉	0.6

D
太白粉水	30
蒜頭酥（參考 P.024）	20
香菜／摘葉片點綴	適量

燕子老師小撇步

★ 高湯中直接放入生肉羹，不要另外將肉羹燙熟再放入肉羹時，高湯要滾沸狀態。

★ 食用時可視喜好酌量加入黑醋。

作法

1. 香菇、筍切絲備用。
2. 將[材料A肉羹]食材攪拌、搓揉均勻，醃漬4小時入味。 
3. 高湯放入醃漬後的肉羹、香菇絲、筍絲煮滾。 
4. 加入[材料C調味]，煮滾。 
5. 倒入太白粉水勾芡，煮滾即可起鍋。 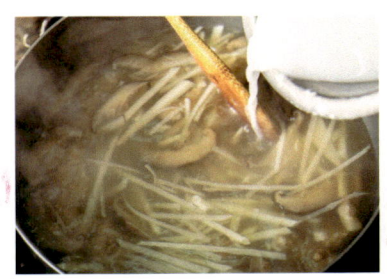
6. 放上蒜頭酥，點綴香菜。

49 土魠魚羹

份量 3人份 / 器具 湯鍋

暖胃羹湯

材料（g）

A 土魠魚	土魠魚 / 塊狀	300
	鹽	2
	細砂糖	15
	白胡椒粉	0.8
	香油	2.2
	米酒	12

B	粗地瓜粉 / 油炸粉	適量

C 高湯	高湯（參考 P.016）	800
	大白菜 / 0.5 公分寬	120
	蒜頭酥（參考 P.024）	20

D 調味	醬油	7
	鹽	2.5
	雞粉	2.5
	白胡椒粉	0.6

E	太白粉水	20
	雞蛋	1 顆
	黑醋	15
	香菜 / 摘葉片點綴	適量

燕子老師小撇步

★ 土魠魚建議沾粗地瓜粉。
★ 白菜需軟化才能進行調味勾芡。
★ 需要先勾芡再淋上蛋液，才會呈現漂亮的蛋花。
★ 個人喜好酌量添加黑醋及香菜。
★ 土魠魚帶皮油炸，另有風味。
★ 勾芡的濃稠度，可視個人喜好。

作法

1 土魠魚塊加入其他材料醃漬 4 小時入味。

2 兩面沾裹粗地瓜粉。

3 放入油鍋炸至金黃酥脆撈出。

4 備一湯鍋放入 [材料 C 高湯] 煮至白菜軟透。

5 加入 [材料 D 調味] 拌勻，再加入太白粉水勾芡。

6 再淋上蛋液，即可起鍋。

50 魷魚羹

份量　2人份　／　器具　湯鍋

暖胃羹湯

材料 (g)

A	水發魷魚	200
B 高湯	高湯（參考 P.016）	600
	筍 / 切絲	50
	柴魚	20
C 調味	沙茶粉	15
	醬油	15
	細砂糖	7
	鹽	12
D	太白粉水	25
	黑醋	12
	沙茶醬	12
	九層塔 / 摘葉片	適量

燕子老師小撇步

★ 食用前，可依照喜好加入黑醋及沙茶醬。

★ 魷魚可用現成的水發魷魚。

★ 乾魷魚泡發：溫水 600c.c. 加入 18 公克的食用小蘇打粉攪拌均勻，放入乾魷魚浸泡約 3 小時，倒掉小蘇打水後再用清水浸泡 2～3 小時。

★ 小蘇打會產生特殊的皂味，之後必須再用清水多沖洗、浸泡一段時間即可去除。

作法

1 水發魷魚斜切成片狀。

2 滾水燙熟魷魚。

3 水發魷魚放入 [材料 B 高湯] 煮滾。

4 加入太白粉水。

5 持續煮沸。

6 碗中放入 [材料 C 調味]、九層塔，倒入煮好的羹湯。

51 生炒花枝羹

份量　2人份　／　器具　平底鍋

暖胃羹湯

材料（g）

A 花枝清肉 / 大斜片有厚度　　300

B 爆香
蔥 / 切段　　15
蒜頭 / 切末　　12
洋蔥 / 切片　　30
紅蘿蔔 / 切片　　8

C 調味
鹽　　1.2
雞粉　　2.5
白胡椒粉　　0.6
細砂糖　　15
黑醋　　18
白醋　　18

D
高湯（參考 P.016）　　300
太白粉水　　18
香油　　2.5

燕子老師小撇步

★ 花枝肉以鹽巴搓洗，會讓肉質更緊實。
★ 吃辣者可加入辣椒一起爆香。
★ 不用高湯即用一般的水。
★ 如喜歡酸味，白醋可於起鍋前加入。

作法

1. 起油鍋爆香蒜末。
2. 放入蔥段炒香。 
3. 再加入洋蔥片、紅蘿蔔片。 
4. 炒至軟化，加入花枝片。 
5. [材料 C 調味] 拌炒均勻、加入高湯。 
6. 煮滾後，加入太白粉水勾芡，淋上香油即可。 

51

酸辣湯

份量　2人份　／　器具　湯鍋

暖胃羹湯

材料（g）

A			B 高湯			C		
	赤肉 / 切絲	50		高湯或清水（參考 P.016）	600		太白粉水	28
	筍 / 切絲	50		鹽	2.5		雞蛋	2 顆
	紅蘿蔔 / 切絲	30		醬油	15		黑醋	50
	木耳 / 切絲	30		花椒粉	5		白醋	50
	豬血 / 切絲	120		白胡椒粉	5		香油	15
	豆腐 / 切絲	50					蔥 / 切珠	10

燕子老師 小撇步

★ 食材都可以依照個人喜好調整。
★ 需先勾芡再淋上蛋液，才會呈現漂亮的蛋花。
★ 在碗中放入黑醋和白醋再加入煮好的酸辣湯，可以保留白醋的酸度及黑醋的香氣。
★ 蔥可視個人喜好添加。

作法

1. 所有食材切細絲，可以讓口感統一。
2. 豬血和豆腐的質地較軟，若不好改刀可以切粗一點，雞蛋先打散備用。 
3. 備一湯鍋，加入 [材料 A 食材]、[材料 B 高湯] 煮滾。 
4. 在碗中放入黑醋、白醋。 
5. 食材軟化熟透後，倒入太白粉水勾芡煮滾。 
6. 加入蛋液，起鍋倒入裝好醋的碗中點綴上蔥花即可。 

52

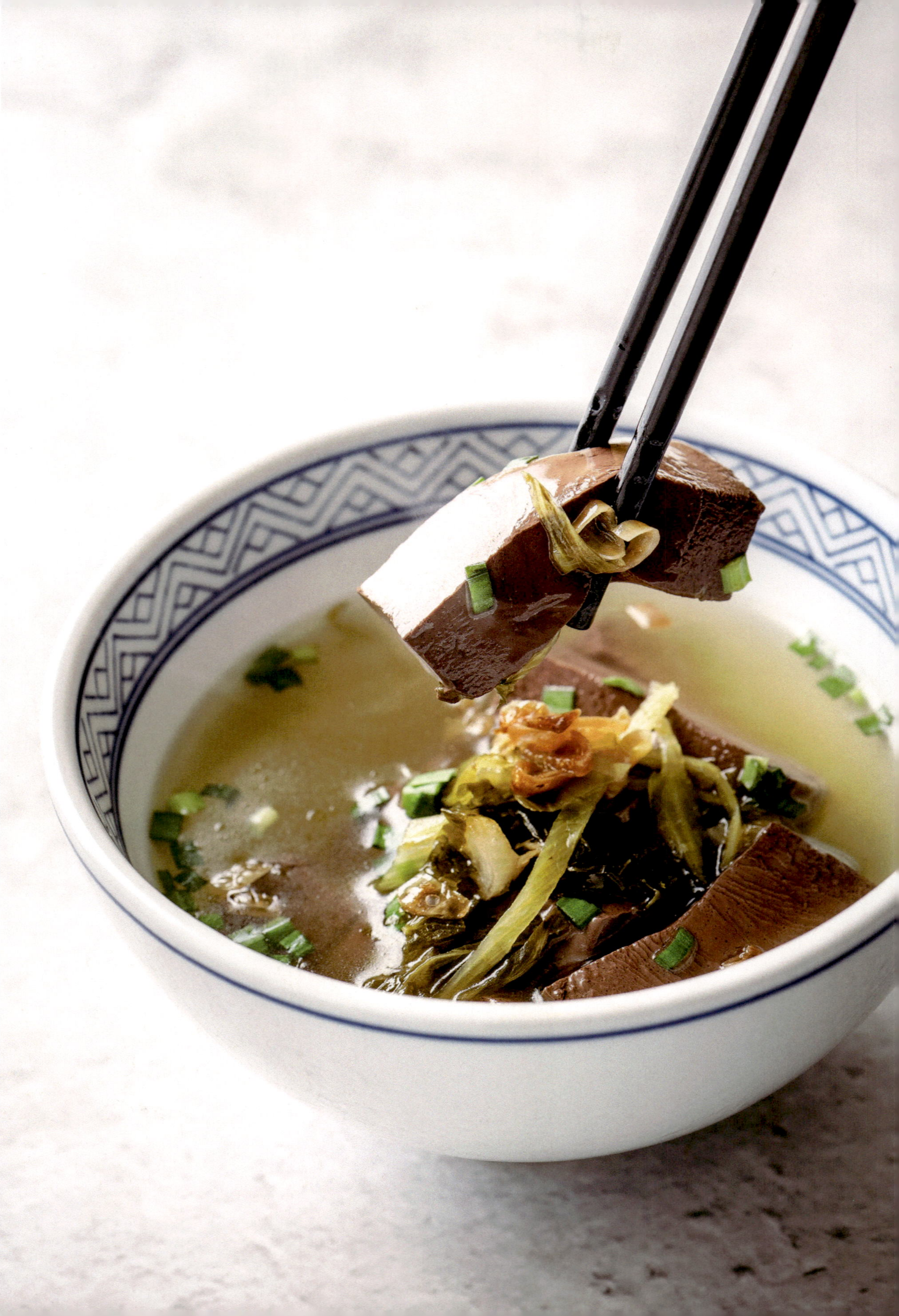

豬血湯

份量 2 人份　／　**器具** 湯鍋

材料（g）

A	豬血 / 切長條塊	300

B 高湯	高湯（參考 P.016）	300
	細砂糖	8
	鹽	2.5
	雞粉	2.5
	白胡椒粉	1.2
	炸油蔥（參考 P.025）	20
	酸菜 / 切細絲	40

C	韭菜 / 1 公分小段	20
	蔥香油（參考 P.044）	10

燕子老師小撇步

★ 豬血的保存方法，可以放入水中移入冰箱冷藏保存。

作法

1　豬血洗淨、切長條塊備用。

2　備一湯鍋，加入豬血、高湯先煮。

3　再加入剩餘的 [材料 B 高湯] 煮滾。

4　碗中加入切好的韭菜和蔥香油。

5　可以依照個人喜好添加白胡椒粉。

6　將豬血先取出，再淋上煮好的湯汁。

大腸麵線

份量 5人份 / 器具 湯鍋

材料（g）

A	紅麵線	150
B	柴魚	8
C 高湯	高湯（參考 P.016）	1200
	蒜頭酥（參考 P.024）	18
	炸油蔥（參考 P.025）	18
D 調味	醬油	22
	鹽	8
	雞粉	3
	白胡椒粉	1.2
	冰糖	12
E	太白粉水	適量
	滷大腸（參考 P.018）	300
	黑醋	12
	香菜 / 摘葉片點綴	適量

> 暖胃羹湯

燕子老師 小撇步

★ 紅麵線過水汆燙是為了洗去麵線中的鹹度。
★ 紅麵線本身帶有鹹度,所以調味部分,鹽可以酌量增減。
★ 黑醋可以依照個人喜好增減。
★ 此道菜品裡的麵線,不可使用一般白麵線,耐煮程度和麵線本身的韌性是有差異性的。

作法

1. 紅麵線泡軟、過熱水、撈出備用。
2. 備一湯鍋,加入[材料C高湯]煮滾。 
3. 加入紅麵線。 
4. 煮滾後加入[材料D調味]。 
5. 將柴魚放入塑膠袋中。 
6. 壓碎成粉狀,可用手或棍。 
7. 將壓碎的柴魚加入麵線中。 
8. 煮至柴魚味道飄出。 
9. 加入太白粉水拌勻,食用前加入滷大腸、黑醋、香菜即可。

55 藥燉排骨

份量 3人份 ／ 器具 湯鍋

暖胃羹湯

材料 (g)

A 藥材
沙仁	1
紅棗	12
甘草	1
牛乳埔	10
乾九尾草	8
八角	1.5 粒
川芎	4
當歸	6
桂支	5
黃耆	28
肉桂	6
枸杞	15
熟地	5
黨參	9

B
排骨	600

C 湯料
水	3600
米酒	半瓶
老薑	30

D 調味
鹽	9
冰糖	25

燕子老師小撇步

★ 藥材可以不放滷包中，熬煮後再過濾，差別在多一道工序。

★ 排骨要燙到全熟，並將血沫沖洗乾淨，湯汁才會清澈。

★ 排骨也可改成其他肉類。

★ 材料 C 湯料中，如不適米酒，可不用。米酒在長時間燉煮下，酒精會揮發留下酒香。

作法

1. 起一鍋水，汆燙排骨。
2. 將汆燙過的排骨洗淨。 
3. 準備好藥材，裝在棉布袋中。 
4. 備一湯鍋加入 [材料 A 藥材]、[材料 C 湯料]、排骨，燉到排骨軟透。 
5. 過濾掉藥材，再煮滾加入 [材料 D 調味]。 
6. 排骨若有充分洗淨，湯頭無雜質，清澈透色。

56 水晶餃

份量 16 顆 ／ 器具 湯鍋

材料（g）

A 粉皮		
太白粉	95
糯米粉	95
滾水	130

B 肉餡		
豬絞肉	200
鹽	1
細砂糖	4
雞粉	1.5
白胡椒粉	0.7
蠔油	7
醬油	2.5
炸油蔥（參考 P.025）	40

C		
香油	適量

D 高湯		
高湯（參考 P.016）	800
鹽	5
雞粉	4.5

E		
芹菜 / 切末	適量
白胡椒粉	0.6

134

暖胃羹湯

> **燕子老師小撇步**
>
> ★ 粉糰切割後，需蓋上濕布或保鮮膜防止乾燥，避免結硬皮。
> ★ 肉餡的醃漬時間愈久越入味，最少要 1 個小時。
> ★ 麵糰若靜置過久，要包之前須再搓揉使其軟化。
> ★ 煮好的水晶餃，拌入香油是為了防沾黏。

作法

1. 兩種粉類混和均勻，加入滾水。
2. 攪拌均勻成糰。 
3. 取出，切割成 20 份每個約 20 公克。 
4. [材料 B 肉餡] 拌勻，醃漬 4 小時備用。 
5. 取一塊粉糰，壓扁後包入醃漬好的肉餡每個約 15 公克。 
6. 捏成三角形。 
7. 要將黏合處捏緊，避免露餡。 
8. 水晶餃包好之後調整形狀，完成後備一鍋滾水煮熟撈起，拌入香油。 
9. 將 [材料 D 高湯] 煮滾，放入水晶餃，盛碗後放入芹菜末，撒上白胡椒粉。

57 扁食湯

份量 10顆 / 器具 湯鍋

暖胃羹湯

材料（g）

A 肉餡
細豬絞肉	90
細砂糖	1.2
雞粉	0.5
胡椒粉	0.2
蠔油	2.5
醬油	1.25
炸油蔥（參考 P.025）	15
冬菜	5
香油	5

B
市售餛飩皮	10 張

C 高湯
高湯（參考 P.016）	600
鹽	1.2
白胡椒粉	0.5
炸油蔥（參考 P.025）	5

D
芹菜 / 切末	10
香油	2.5

燕子老師小撇步

★ 肉餡的醃漬時間愈久越入味。

★ 要注意冬菜的鹹度，若買到偏鹹的冬菜，肉餡調味需要斟酌添加或是冬菜減少用量。

作法

1. [材料 A 肉餡] 拌勻，醃漬 4 小時備用。
2. 取一餛飩皮，包入肉餡每個約 12 公克。 
3. 對角對摺，兩個角抹上水。 
4. 摺起壓實。 
5. 完成餛飩。 
6. [材料 C 高湯] 煮滾，放入餛飩煮到浮起，放入芹菜、淋上香油完成。 

57

137

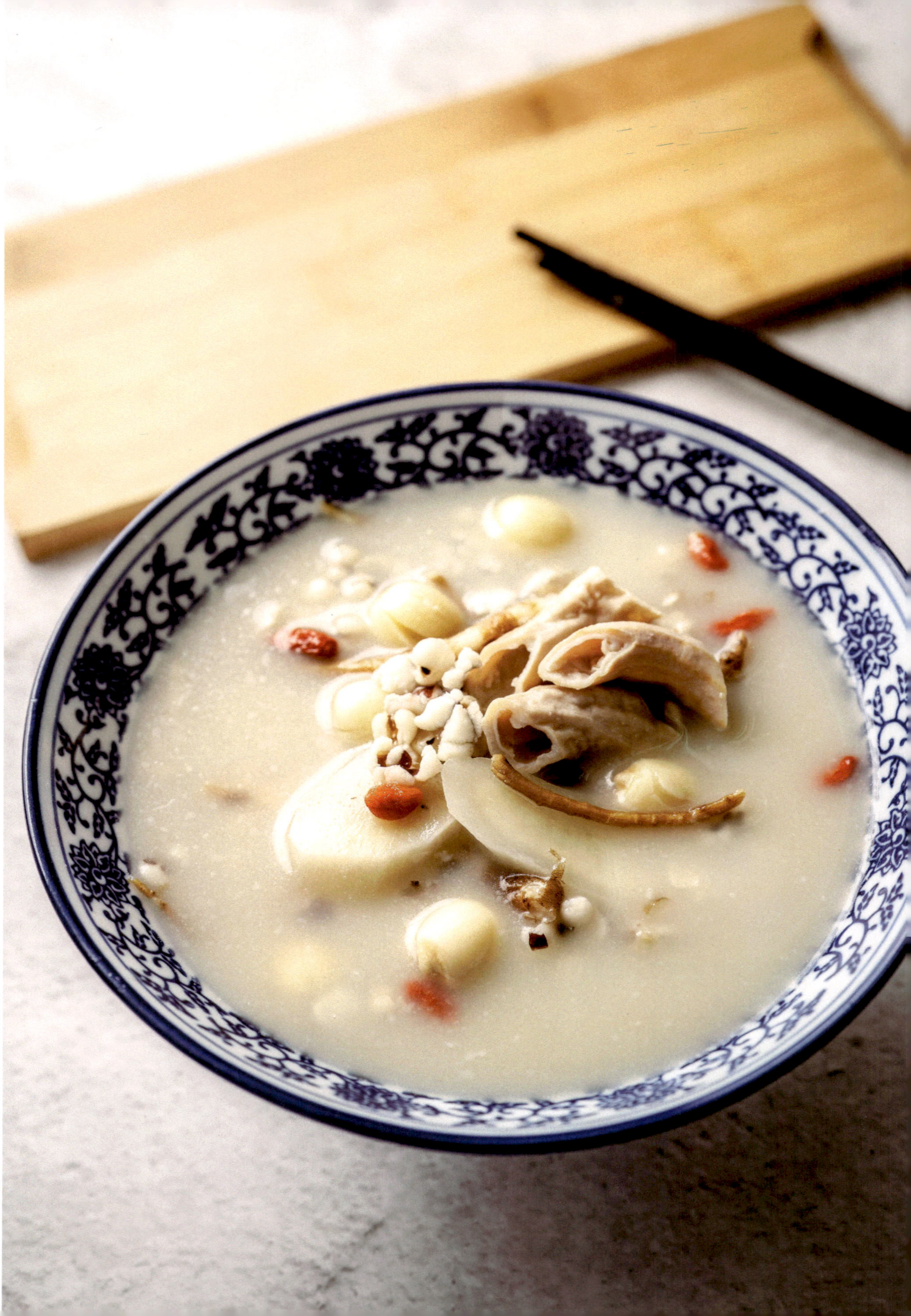

四神湯

份量 3人份 ／ **器具** 湯鍋

暖胃羹湯

材料（g）

A	小腸	350

B 湯料	當歸	2
	淮山	35
	蓮子	40
	薏仁	30
	芡實	10
	清水	1000

C 藥酒	當歸	2 片
	枸杞	35
	米酒	600

D	鹽	5
	雞粉	7.5

燕子老師小撇步

★ 小腸需要翻洗乾淨，汆燙後漂洗冷水、洗去雜質。

★ 湯料藥材都可在中藥行買到，或可以買市售現成的四神湯包，再加入當歸即可。

★ 藥酒需要浸泡3天，風味才會顯現。

★ 四神是指淮山、蓮子、薏仁、芡實。

★ 當歸，建議加入熬湯。

作法

1. 小腸翻洗乾淨，入滾水汆燙，漂洗冷水、洗去雜質及血沫。

2. 備好湯料。

3. 將湯料放入湯鍋中。

4. 加入清水、小腸，大火滾沸後轉小火燉煮40分鐘，調味。

5. 食用時再將小腸剪段，淋上適量藥酒提香。如不適酒，就無須加入藥酒。

59 鹹圓仔

份量 6 顆 / 器具 湯鍋

材料（g）

A 粉糰
糯米粉	50
滾水	35
細砂糖	5

B 肉餡
粗豬絞肉	60
鹽	0.3
細砂糖	1.2
雞粉	0.45
白胡椒粉	0.2
蠔油	2.5
醬油	1.25
炸油蔥（參考 P.025）	15

C 高湯
高湯（參考 P.016）	600
鹽	1.2
白胡椒粉	0.5
炸油蔥（參考 P.025）	5

D
茼蒿	20
香油	2.5
白胡椒粉	適量

暖胃羹湯

燕子老師小撇步

★ 粉糰切割後，需蓋上濕布或保鮮膜防止乾燥。
★ 麵糰若靜置過久，要包之前須再搓揉使其軟化。
★ 肉餡的醃漬時間愈久越入味。
★ 肉餡可以稍微冷凍會比較好包。

作法

1. 糯米粉、細砂糖混和均勻，加入滾水。
2. 攪拌均勻成糰。 
3. 取出，切割成 20 份每個約 15 公克。 
4. [材料 B 肉餡] 拌勻，醃漬 4 小時備用。 
5. 取一塊粉糰，壓扁後包入醃漬好的肉餡每個約 15 公克。 
6. 用虎口收起肉餡，慢慢將肉餡包入。 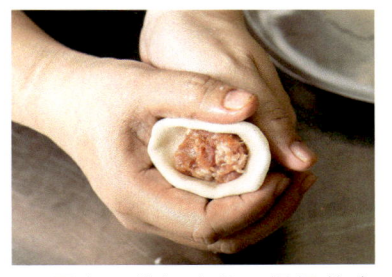
7. 收口收緊，收口處若有剩下的粉糰再捏除，免得收口處造成口感不佳。 
8. 將 [材料 C 高湯] 煮滾，放入鹹湯圓煮至浮起。 
9. 放入茼蒿，盛碗後淋上香油、撒上白胡椒粉。

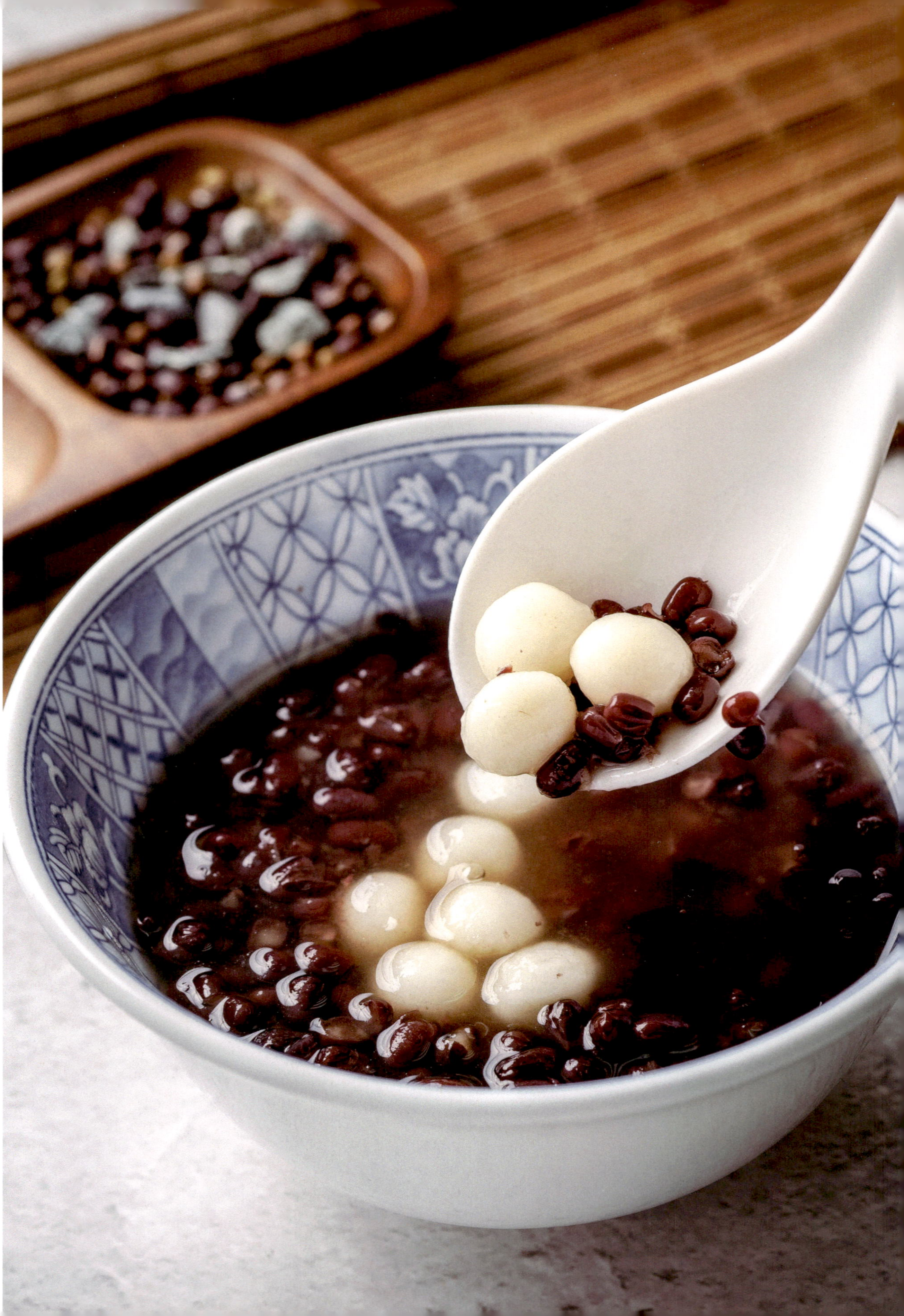

紅豆圓仔湯

暖胃羹湯

份量 2～3人份　／　器具 湯鍋

材料（g）

A 粉糰
糯米粉	50
滾水	35
細砂糖	6

B
水	600
焦糖漿（參考 P.028）	適量
蜜紅豆（參考 P.034）	適量

燕子老師小撇步

★ 也可以搭配薑汁糖水（參考 P.030）或是其他配料，例如：九份芋圓（參考 P.170）等。

作法

1. 糯米粉、細砂糖混和均勻，加入滾水。
2. 攪拌均勻成糰。 
3. 取出，切割成每顆約 5 公克的小湯圓。 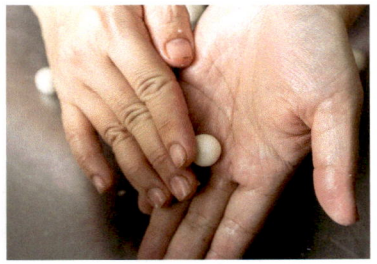
4. 取碗，放入蜜紅豆、焦糖漿。 
5. 煮一滾水放入小湯圓。 
6. 煮熟至浮起，撈進【作法4】中，搭配紅豆湯一起享用。 

143

九份芋圓

夜市小吃

31 地瓜球

份量 25 顆

器具 平底鍋

材料（g）

地瓜／切片	150	液體油	8
細砂糖	35	泡打粉	6
太白粉	75	油炸油	適量

夜市小吃

燕子老師小撇步

★ 切片蒸製時間比較短，但含水度會比切塊狀多一些，是因為蒸的時候水蒸氣的影響。

★ 須趁地瓜剛蒸熟還有溫度時拌入，這樣糖比較快融化，也可以利用地瓜的熱度，會讓太白粉進行燙麵的效果。地瓜品種差異性影響含水度，若粉糰太濕加乾粉調整，若太乾加點水調整。

★ 泡打粉加入之後要搓揉均勻，才能讓膨脹的狀態均勻。

★ 炸地瓜球一定要等到微微浮起，表面定型後才能擠壓，若完全夾生時擠壓，地瓜球膨脹的形狀就不漂亮了。

作法

1. 地瓜去皮後切片蒸熟。
2. 趁地瓜溫熱時加入細砂糖、太白粉、液體油。 
3. 攪拌均勻，要小心燙手。 
4. 最後加入泡打粉拌勻，完成地瓜球粉糰。 
5. 切割成每個 10 公克，搓圓。 
6. 起油鍋，120℃油溫，放入地瓜球。 
7. 要炸至表面定型。 
8. 再使用勺子壓地瓜球，讓空氣可以進去地瓜球內部組織。 
9. 炸至地瓜球膨脹，表面金黃。

白糖粿

份量 粉糰 270 公克 ／ **器具** 平底鍋

材料（g）

A 粉糰			B		
糯米粉①	100		糯米粉②	100	
澄粉	18		**C**		
細砂糖	28		花生粉	90	
冷水	107		糖粉	50	
液體油	17		油炸油	適量	

夜市小吃

> **燕子老師小撇步**
>
> ★ 花生粉也可換成黑芝麻粉，甜度可視喜好增減。
> ★ 炸之前再搓長條、壓扁入鍋。
> ★ 花生糖粉就是花生粉加入糖粉混和均勻即可。
> ★ 要趁熱沾花生糖粉，才能均勻裹上。
> ★ 要炸之前再搓條，若事先做好會乾裂。

作法

1　將 [材料 A 粉糰] 放入鍋中。

2　攪拌均勻成粉漿，靜置 30 分鐘。

3　再加入糯米粉②。

4　攪拌均勻。

5　完成白糖粿的粉糰。

6　等油鍋升溫後搓成長條狀，大小和份量可照喜好調整。

7　起油鍋，升溫至 140℃，搓成長條壓扁入油鍋。

8　炸好後馬上沾上花生糖粉。

9　也可換成黑芝麻粉沾裹。

03 鹹芋丸

份量 10 顆 ／ 器具 平底鍋

夜市小吃

材料（g）

A
芋頭 / 切片	165
細砂糖	15
太白粉	15
液體油	5

B
鹹蛋黃	10 粒
太白粉 / 手粉	適量
油炸油	適量

燕子老師 小撇步

★ 芋頭要挑選澱粉質含量高的，芋丸才會鬆軟綿密。

★ 也可變化口味，加入肉鬆跟蛋黃一起包裹。

作法

1 芋頭去皮切片，蒸到軟綿。

2 趁芋頭溫熱時加入細砂糖、太白粉。

3 攪拌均勻，要小心燙手。

4 再加入液體油拌勻。

5 完成芋丸粉糰。

6 切割成每個 20 公克，取一個壓扁。

7 包入鹹蛋黃，收口收緊。

8 沾裹太白粉手粉防沾黏。

9 起油鍋，冷油放入，要攪動防沾黏炸至金黃即可。

64 麻糬

份量 12 顆

器具 蒸籠、電鍋、蒸箱、攪拌機

材料（g）

	A 粉糰			C 餡料			D 裝飾	
	糯米粉	60		市售豆餡或蜜紅豆	60		椰子粉	適量
	糖粉	18		花生糖粉	30		花生粉	適量
	清水	82		芝麻糖粉	30		芝麻粉	適量

| B | 液體油 | 20 |

燕子老師小撇步

★ 如想要做彩色麻糬皮，要將色粉一同混和進粉糰中拌勻，入蒸籠蒸熟。
★ 麻糬皮蒸好後可以放冷藏冷卻，但不可冷凍。
★ 花生糖粉和芝麻糖粉可以買市售的，也可以買花生粉或芝麻粉加糖粉（40公克+20公克混和），甜度可以依照個人喜好調整。
★ 蜜紅豆搭配椰子粉，花生糖粉搭配花生粉，芝麻糖粉搭配芝麻粉，也可以做蜜紅豆搭配抹茶粉等不同口味。
★ 顏色及口味都可依照個人喜好調整。

作法

1. 將 [材料A粉糰] 放入鍋中，攪拌均勻成粉漿。
2. 放在容器中，蒸10分鐘，取出攪拌均勻再蒸10分鐘。 
3. 趁熱將蒸好的麻糬皮加入液體油。 
4. 攪打成綿密的麻糬外皮。 
5. 打好的麻糬皮會呈現可拉提的狀態，放入抹油的塑膠袋中靜置冷卻。 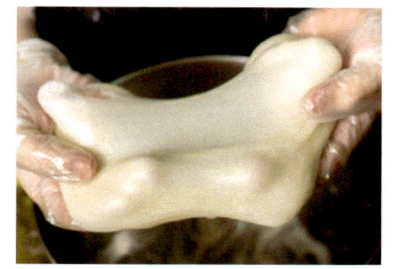
6. 分割麻糬皮每個約15公克，壓扁。 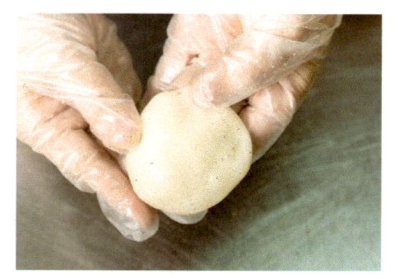
7. 包入餡料，蜜紅豆、花生糖粉、芝麻糖粉等。 
8. 包好後要確實捏緊收口，避免露餡。 
9. 再裹上裝飾即完成。

營養三明治

份量 5 個 / 器具 平底鍋

材料（g）

A 麵糰
高筋麵粉	80
中筋麵粉	80
水	90
雞蛋	0.5 顆
酵母	1.5
細砂糖	20

B
蛋液	60
麵包粉	適量
油炸油	適量

C 配料
水煮蛋 / 1 開 4	1.5 顆
火腿 / 對切成三角形	5 片
小黃瓜 / 切片	1 條
牛蕃茄 / 切片	1 顆
美乃滋	100
細砂糖	20

夜市小吃

燕子老師小撇步

★ 可自行選擇喜歡的配料和醬汁。
★ 麵糰要等發酵完成之後，才能裹上麵包粉。如先沾裹麵包粉，麵糰發酵膨脹後，麵包粉會被撐開影響外觀。
★ 油炸火候時間都要注意，以免外層過焦、內層夾生。

作法

1. 麵粉加入水、酵母、細砂糖慢速拌勻。
2. 加入蛋液攪拌至成糰。 
3. 完成麵糰，分割5份、滾圓搓長，靜置發酵。 
4. 發酵完成。 
5. 裹上蛋液。 
6. 裹上麵包粉。 
7. 起油鍋，升溫至140℃，放入麵包。 
8. 翻面炸至兩面都金黃。 
9. 從中間切開，包入配料。

蚵仔煎

份量　2 個
器具　平底鍋

	材料（g）	
A 食材	牡蠣	100
	蔥／切珠	25
	雞蛋	2 顆
	小白菜／切 1 公分小段	60
B 粉水	太白粉	50
	地瓜粉	25
	水	175
	鹽	2.5
	白胡椒粉	1.5
C	豬油	適量

夜市小吃

> **燕子老師小撇步**
>
> ★牡蠣需要先洗淨、瀝乾水分，洗的時候，可以放入太白粉會較容易洗去黏液及雜質。
> ★熟的程度要掌握，蚵仔才不會過熟影響口感。
> ★鍋子的口徑勿太小，粉漿盡量薄透，吃來才會爽滑。
> ★搭配蚵仔煎醬或海山醬都適合。

作法

1 將 [材料 B 粉水] 放入鍋中，攪拌均勻。

2 熱鍋，放入適量豬油，放入蔥花爆香，放入蚵仔拌。

3 加入粉水。

4 約直徑 20 公分大。

5 小火慢煎，會漸漸變成透明。

6 翻面，放上小白菜。

7 再淋上蛋液。

8 淋蛋液的時候要整個粉皮都要淋到。

9 可以蓋上鍋蓋續煎 30 秒，翻面再煎 10 秒就完成。

157

彰化肉圓

份量 4 顆 / 模具 肉圓碟 / 器具 蒸籠、電鍋、蒸箱

材料（g）

A 肉餡				
赤肉 / 切 1 公分粗	120	五香粉	2.5
		白胡椒粉	2.5
鹽	0.5	醬油	15
炸油蔥（參考 P.025）	30	豬板油	50

B 粉漿	
在來米粉	50
冷水①	50
滾水	350
地瓜粉	25
冷水②	350

夜市小吃

燕子老師小撇步

★肉餡醃漬時間越久，越入味。
★用滾水沖，才會使粉漿糊化，糊化才能加進地瓜粉。
★整型時可以在手上沾點油，將肉圓表面塗抹均勻光亮。
★食用前再把肉圓油煎至焦香，也可蒸完後直接食用。
★搭配肉圓醬（參考 P.050）食用。

作法

1　將 [材料 A 肉餡] 放入鍋中，攪拌均勻醃 4 小時。

2　將在來米粉、冷水①混和均勻。

3　沖入熱水。

4　攪拌均勻至確實糊化。

5　再加入地瓜粉、冷水①拌勻成粉漿。

6　取一肉圓蝶，抹上油，抹上一層粉糊。

7　放入肉餡。

8　再抹上一層粉漿覆蓋。

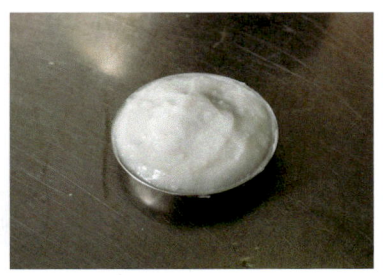

9　做好的肉圓滾水蒸 15 分鐘，蒸好後放涼脫模。

68 鹿港芋丸

份量　4 顆　/　模具　肉圓碟　/　器具　蒸籠、電鍋、蒸箱

材料（g）

A	芋頭 / 刨粗絲	250

B 調味	鹽	1.2
	細砂糖	35
	雞粉	0.6
	白胡椒粉	0.6
	地瓜粉	22.5
	水	15

C 肉餡	赤肉 / 切1公分粗	120
	鹽	0.5
	炸油蔥（參考 P.025）	30
	五香粉	2.5
	白胡椒粉	2.5
	醬油	15
	豬板油	50

D	香菜 / 摘葉子裝飾	適量

夜市小吃

燕子老師小撇步

★ 肉餡醃漬時間越久，越入味。
★ 底部及上蓋要將芋絲平均撲滿，蒸完形狀才會漂亮。
★ 搭配海山醬（參考 P.048）食用。
★ 芋頭不建議切成細絲，口感略顯不足。

作法

1 將 [材料 C 肉餡] 放入鍋中，攪拌均勻醃 4 小時。

2 將刨絲芋頭，加入 [材料 B 調味]。

3 攪拌均勻。

4 取一肉圓蝶抹上油。

5 鋪上一層芋絲。

6 輕壓至芋絲緊密。

7 放入醃漬好的赤肉條。

8 再鋪上一層芋絲，輕壓讓芋丸密實。

9 芋丸滾水蒸 12 分鐘，蒸好後放涼脫模。

豆乳雞

份量 450公克 ／ **器具** 平底鍋

夜市小吃

材料（g）

A	雞胸肉／切塊	450
B	水	150
	鹽	1.2
C 醃漬醬汁	蒜頭	30
	原味豆腐乳	15
	辣味豆腐乳	15
	味噌	15
	細砂糖	25
	醬油膏	15
	白胡椒粉	1.2
D	地瓜粉	120
	油炸油	適量

燕子老師小撇步

★ 如果沒有調理機或果汁機，就把蒜頭切細末，再混和其他調味料。

★ 肉餡醃漬時間越久，越入味。

★ 食用時撒上胡椒鹽或白胡椒粉。

作法

1. 將[材料C醃漬醬汁]放入調理機中。
2. 打成泥狀。 
3. 取切塊雞胸肉加入醃漬醬汁。 
4. 攪拌均勻，靜置醃漬至少1小時。 
5. 沾上地瓜粉，起油鍋約120℃，放入豆乳雞。 
6. 炸至金黃酥脆即可。

雞排

份量　450公克

／

器具　平底鍋

夜市小吃

材料 (g)

A 雞胸肉　　　　1 塊

B 醃漬醬汁
蔥 / 切段	25
蒜頭	25
鹽	25
水	50
五香粉	1.2
醬油膏	15
細砂糖	7

C
地瓜粉	120
油炸油	適量

燕子老師小撇步

★ 如果沒有調理機或果汁機，就把蔥跟蒜頭切細末，再混和其他調味料。

★ 肉醃漬時間越久，越入味。

★ 反潮的作用是讓地瓜粉完全吸附在雞排上，以致油炸粉皮不脫落不掉粉。

★ 視雞排大小決定油炸時間。

★ 食用時可切塊，撒上胡椒鹽或白胡椒粉。

作法

1 將 [材料 B 醃漬醬汁] 放入調理機中。

2 打成泥狀。

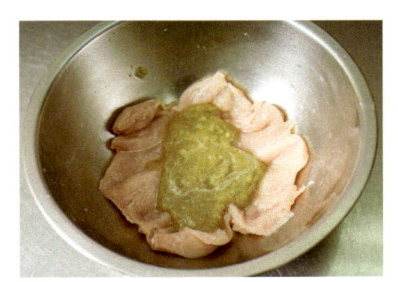

3 取雞胸肉加入醃漬醬汁。

4 攪拌均勻，靜置醃漬至少 1 小時。

5 沾上地瓜粉靜置 10～15 分鐘，等反潮。

6 起油鍋約 120°C，放入雞排炸至金黃酥脆即可。

雞捲

份量 900公克 / **器具** 平底鍋

材料（g）

A 餡料		
	魚漿	300
	洋蔥/切丁	100
	去皮馬蹄/切丁	100
	白油	50

B 肉餡		
	胛心肉/切1公分粗	300
	細砂糖	15
	醬油	22
	五香粉	2
	白胡椒粉	1.2

C 皮		
	半圓腐皮	3張
	中筋麵粉	15
	水	10

D	油炸油	適量

夜市小吃

> **燕子老師小撇步**
>
> ★ 肉餡醃越久，越入味。
> ★ 食用時可切塊，撒上胡椒鹽或白胡椒粉。
> ★ 可用半圓腐皮，也可用一張。

作法

1 將[材料B肉餡]攪拌均勻。

2 [材料A餡料]拌勻，加入肉餡混和。

3 取一腐皮，放入混合好的雞捲餡料。

4 兩邊往中間摺起。

5 往上捲起。

6 三角形處上端處抹上粉水。

7 整條雞捲捲起黏合。

8 起一油鍋約120℃放入雞捲。

9 炸至金黃酥脆即可。

167

72 蝦捲

份量　7 條　／　器具　平底鍋

材料(g)

A 肉餡
豬絞肉	60
細砂糖	7.5
鹽	1.2
白胡椒粉	1.2
白油	20

B 魚漿餡
魚漿	60
蝦仁 / 切粒	150
馬蹄 / 切小丁	40
炸油蔥（參考 P.025）	6
雞蛋	1 顆

C
半圓腐皮	3 張
太白粉水	適量

夜市小吃

燕子老師小撇步

★如要冷凍保存,可裹上太白粉以防沾黏。
★食用時可切塊,撒上胡椒鹽或白胡椒粉。
★蝦仁需要取除腸泥,以鹽稍微抓揉後沖水瀝乾水分。

作法

1 將[材料A肉餡]先拌勻,加入[材料B魚漿餡]。

2 攪拌均勻成蝦捲餡料。

3 取一腐皮,放入混合好的蝦捲餡料。

4 可以將蝦仁挑出放在中心的位子。

5 兩邊往中間摺起。

6 往上捲起。

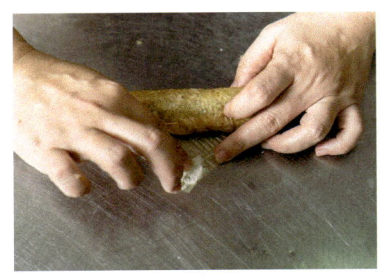

7 上端處抹上粉水。

8 整條蝦捲捲起黏合。

9 起一油鍋約約120°C放入蝦捲,炸至金黃酥脆即可。

73 九份芋圓

份量 每種口味各 220 公克　／　**器具** 湯鍋

夜市小吃

材料 (g)

A 芋圓
糯米粉	20
太白粉	30
地瓜粉	30
細砂糖	30
芋頭 / 切片	110

B 地瓜圓
糯米粉	20
太白粉	30
地瓜粉	30
細砂糖	30
地瓜 / 切片	110

C 抹茶圓
糯米粉	10
太白粉	35
地瓜粉	35
抹茶粉	5
細砂糖	15
滾水	110

D 芝麻圓
糯米粉	10
太白粉	35
地瓜粉	35
熟黑芝麻粒	15
芝麻粉	10
細砂糖	20
滾水	110

E
焦糖蜜（參考 P.028）	適量
糖水（參考 P.030）	適量

燕子老師小撇步

★ 切割完畢的生粉糰，可均勻裹上一層薄薄的太白粉防沾黏，再冷凍保存。

★ 煮完的綜合圓，可以在起鍋後蜜上糖水（參考 P.030），也可以搭配其他配料食用，例如：蜜紅豆（參考 P.034）、蜜芋頭（參考 P.032）等。

芋圓

1 芋頭去皮切片，蒸熟。

2 取一鍋子，放入糯米粉、太白粉、地瓜粉、細砂糖。

3 芋頭蒸熟後，趁熱加入粉糰。

4 攪拌均勻。

5 芋頭澱粉質較高水分較少，須加點熱水拌勻。

6 熱水只需加到能拌至成糰即可。

地瓜圓

7 地瓜去皮切片，蒸熟。

8 取一鍋子，放入糯米粉、太白粉、地瓜粉、細砂糖。

9 地瓜蒸熟後，趁熱加入粉糰。

10 攪拌均勻，小心燙手。

11 均勻攪拌至成糰。

12 熱水只需加到能拌至成糰即可。

抹茶圓

13 取一鍋子，放入糯米粉、太白粉、地瓜粉、抹茶粉、細砂糖。

14 先將粉類攪拌均勻，如有粉粒可以先過篩。

15 加入滾水，使用刮刀攪拌均勻。

16 均勻攪拌至成糰。

17 準備一盤太白粉。

18 將拌好的抹茶粉糰放入。

芝麻圓

19 取一鍋子，放入糯米粉、太白粉、地瓜粉、芝麻粉、黑芝麻粒、細砂糖。

20 先將粉類攪拌均勻，如有粉粒可以先過篩。

21 加入滾水，使用刮刀攪拌均勻。

22 均勻攪拌至成糰。

23 要充分攪拌使芝麻粉均勻。

24 準備一盤太白粉，將拌好的芝麻粉糰放入。

組合

25 將四種粉糰搓成長條狀。

26 粗細可以個人喜好來調整，建議是搓直徑 2 公分。

27 使用菜刀或是刮板分割每個約 2 公分寬。

28 將分割好的芋圓裹上太白粉防沾黏。

29 煮一鍋滾水，放入芋圓下去煮。

30 煮至膨脹浮起即可撈起，搭配焦糖蜜或糖水食用。

74 粉圓冰

份量 240 公克 / **器具** 湯鍋

材料（g）

A 粉糰
- 黑糖　50
- 水　　70
- 地瓜粉　90
- 太白粉　30

B
- 太白粉 / 手粉　適量
- 焦糖蜜（參考 P.028）　適量

夜市小吃

燕子老師小撇步

★ 做好的粉圓可以裹上太白粉，冷凍保存，食用前勿退冰、直接冷凍狀態入滾水煮食。

★ 煮好的粉圓可以先用焦糖蜜（參考 P.028）蜜過，再加入其他飲品中食用，也可以將煮好的粉圓先用冷水漂過，直接加到喜愛的甜品或飲品中。

作法

1. 黑糖加水放入鍋中。
2. 煮滾煮沸。 
3. 趁熱沖入已放好地瓜粉、太白粉的鍋中。 
4. 攪拌均勻至成糰，小心燙手。 
5. 完成粉圓的粉糰。 
6. 粉糰撒點手粉，擀平約 0.8 公分，再用菜刀切成 1×1 公分正方形。 
7. 再將每個方形搓成圓球狀裹上手粉。 
8. 滾水放入粉圓煮至浮起，加一次冷水續煮，再煮到膨脹至兩倍大。 
9. 煮好的粉圓撈起加入焦糖蜜蜜粉圓。

75 黑糖粉粿

份量 240公克 ／ 模具 鋁模 ／ 器具 不沾鍋、蒸鍋

夜市小吃

材料（g）

黑糖	70
水	250
地瓜粉	100

燕子老師小撇步

★ 建議用不沾鍋操作，不然煮到透明狀態時會很容易黏鍋，不好操作。
★ 使用的模具建議要先抹上一層油，會較好脫模。
★ 蒸的過程中，可以使用筷子插入，翻動攪拌，可以加速熟成的時間。
★ 蒸好的粉粿要先放涼，等完全冷卻後再來脫模和切塊，會較好脫模且放涼後的口感會更好。
★ 切塊的粉粿可以搭配焦糖蜜（參考 P.028）先蜜過，可以加到剉冰中或是甜湯中食用。

作法

1. 將所有材料放入鍋中。
2. 攪拌均勻，要確實拌勻至沒有粉粒。 
3. 倒入不沾鍋中。 
4. 開小火慢慢煮，邊煮邊攪拌。 
5. 煮至開始變透明就要小心不要燒焦。 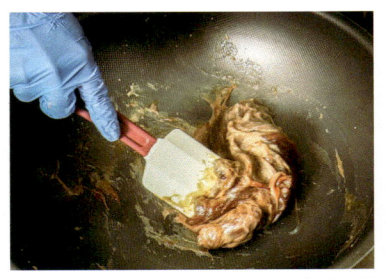
6. 會漸漸地產生黏性。 
7. 煮至完全透明後即可，放入抹好油的容器中。 
8. 放入蒸鍋，蒸至筷子插入不留粉心。 
9. 蒸好後的粉粿需要先放涼再切，會更好脫模且更 Q 彈。 

177

76 豆花

份量 1000公克 / **器具** 湯鍋

夜市小吃

材料（g）

A	黃豆	100
	水	860
B 凝固	石膏粉	5
	玉米粉	2.5
	冷開水	10

燕子老師 小撇步

★黃豆是還沒有泡發前的乾豆重量。

★黃豆需要泡製 8 小時充足，視天氣氣溫天氣熱，時間長易發酵，建議移至冷藏泡發。

★沖豆花，豆漿必須是滾沸的狀態，由高處往下沖。

★食用時搭配糖水（參考 P.030）、蜜紅豆（參考 P.034）等。

作法

1 黃豆加水，以調理機打勻成生豆漿。

2 倒入豆漿布中。

3 過濾，至完全沒有豆渣，取生豆漿。

4 在容器中，先加入 [材料 B 凝固]。

5 攪拌均勻，倒入前再拌勻即可。

6 由高處倒入煮沸的豆漿。

7 切記要從高處往下倒，這樣豆花才會凝固。

8 倒至容器滿，要小心燙手。

9 蓋上蓋子，完全靜止不可移動，待凝固即完成。

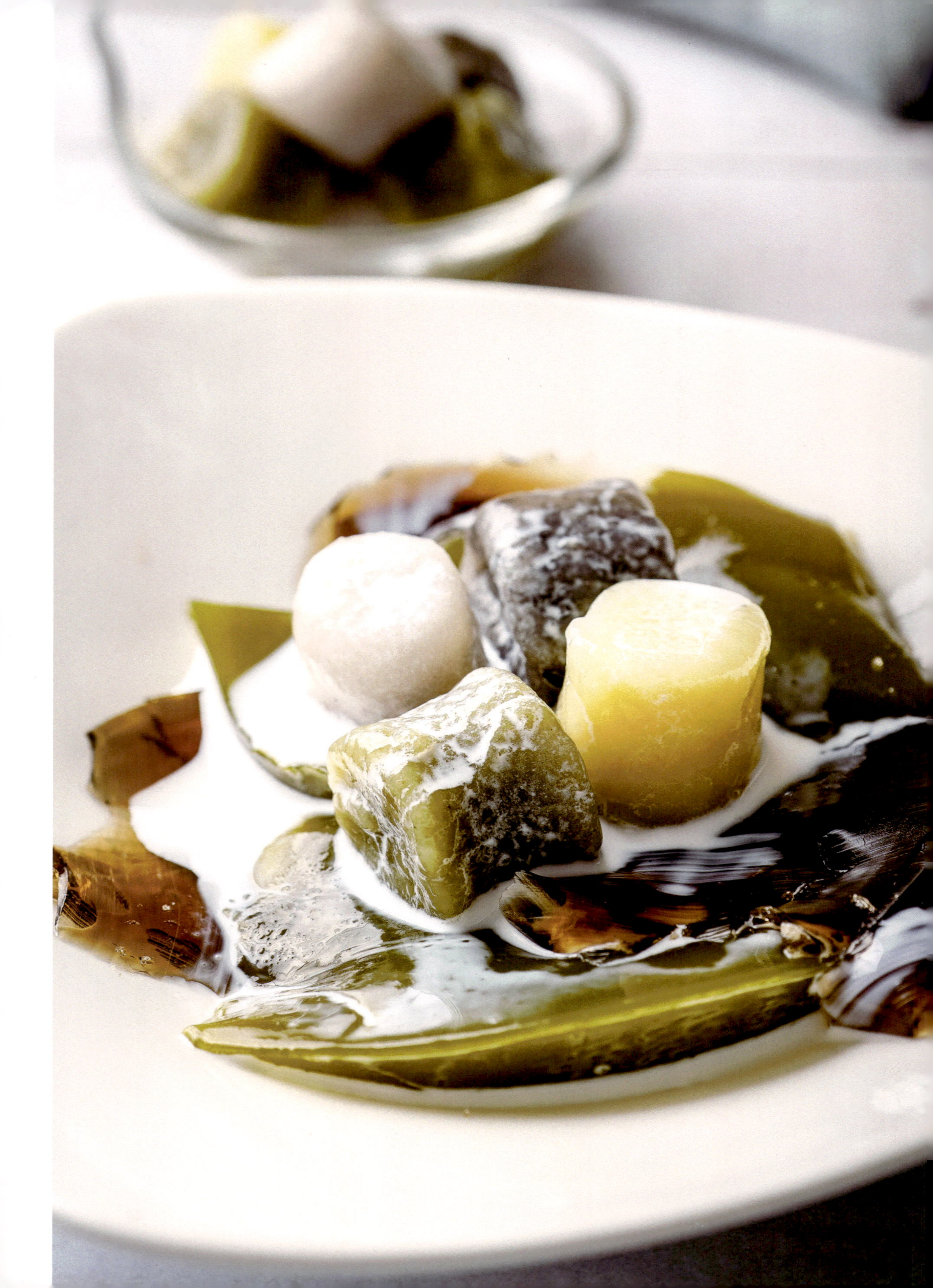

凍圓

份量 兩種口味各 1200 公克　／　**器具** 湯鍋

材料（g）

A 仙草凍
仙草原汁／罐裝原汁	250
水	1000
糖	90
果凍粉	42

B 抹茶凍
抹茶粉	5
水	1250
糖	97
果凍粉	42

燕子老師小撇步

★煮滾後的凍汁，放在耐熱容器中，靜置至凝固。食用時用湯匙挖出盛盤，淋上鮮奶油球即可。凍圓需搭配一些佐料食用，例如：蜜紅豆（參考 P.034）、蜜芋頭（參考 P.032）、芋圓（參考 P.170）等。

作法

1 仙草原汁加水煮滾。

2 倒入混和好的果凍糖粉，煮至溶化熄火。

3 過濾倒在容器中待凝固即可，抹茶凍作法同仙草凍。

大廚來我家 13

台灣小吃

作　　者	張宜燕
協力製作	金帽新秀廚師鄭皓祐 丹雅廚藝教室張如君 全球餐具開發股份有限公司
總 編 輯	薛永年
美術總監	馬慧琪
文字編輯	董書宜
美術編輯	黃頌哲
攝　　影	王隼人
出 版 者	上優文化事業有限公司
電　　話	(02)8521-3848
傳　　真	(02)8521-6206
E-mail	8521book@gmail.com （如有任何疑問請聯絡此信箱洽詢）
印　　刷	鴻嘉彩藝印刷股份有限公司
業務副總	林啟瑞 0988-558-575
總 經 銷	紅螞蟻圖書有限公司
地　　址	臺北市內湖區舊宗路二段 121 巷 19 號
電　　話	(02)2795-3656
傳　　真	(02)2795-4100
網路書店	www.books.com.tw 博客來網路書店
版　　次	2020 年 5 月 一版一刷 2021 年 12 月 一版二刷 2024 年 9 月 一版三刷
定　　價	450 元

台灣小吃 / 張宜燕著. -- 一版. -- 新北市：上優文化,
2020.05,184 面；19x26 公分. -- (大廚來我家；13)
ISBN 978-957-9065-43-6(平裝)

1. 食譜　2. 小吃　3. 臺灣

427.133　　　　　　　　　　　　　　　109003745

Printed in Taiwan
版權所有 翻印必究
書若有破損缺頁 請寄回本公司更換

上優好書網　　Facebook 粉絲專頁　　LINE 官方帳號　　Youtube 頻道

（黏貼處）

台灣小吃

讀者回函

◆ 為了以更好的面貌再次與您相遇，期盼您說出真實的想法，給我們寶貴意見 ◆

姓名：	性別：□男 □女	年齡：　　　歲
聯絡電話：（日）　　　　　　　　　　（夜）		
Email：		
通訊地址：□□□-□□		
學歷：□國中以下 □高中 □專科 □大學 □研究所 □研究所以上		
職稱：□學生 □家庭主婦 □職員 □中高階主管 □經營者 □其他：		

- 購買本書的原因是？
  □興趣使然 □工作需求 □排版設計很棒 □主題吸引 □喜歡作者 □喜歡出版社
  □活動折扣 □親友推薦 □送禮 □其他：＿＿＿＿＿＿＿

- 就食譜叢書來說，您喜歡什麼樣的主題呢？
  □中餐烹調 □西餐烹調 □日韓料理 □異國料理 □中式點心 □西式點心 □麵包
  □健康飲食 □甜點裝飾技巧 □冰品 □咖啡 □茶 □創業資訊 □其他：＿＿＿＿＿

- 就食譜叢書來說，您比較在意什麼？
  □健康趨勢 □好不好吃 □作法簡單 □取材方便 □原理解析 □其他：＿＿＿＿＿

- 會吸引你購買食譜書的原因有？
  □作者 □出版社 □實用性高 □口碑推薦 □排版設計精美 □其他：＿＿＿＿＿

- 跟我們說說話吧～想說什麼都可以哦！

寄件人 地址：
姓名：
□□□-□□

廣告回信
免貼郵票
三重郵局登記證
三重廣字第0751號
平信

24253 新北市新莊區化成路 293 巷 32 號

上優文化事業有限公司　收

台灣小吃　　**讀者回函**

（請沿此虛線對折寄回）

台灣小吃

張宜燕　著

上優文化事業有限公司
電話：(02)8521-3848
傳真：(02)8521-6206
信箱：8521book＠gmail.com
網站：www.8521book.com.tw

上優好書網　Facebook 粉絲專頁